尼康微单

摄影入门

雷波 编著

化学工业出版社
·北京·

内 容 简 介

本书针对正在使用或准备购买尼康微单相机的摄影爱好者而编写，较为全面地讲解了尼康微单相机的基础操作与实用菜单功能、与摄影相关的基本理论、相关配件的使用方法，以及人像、风光及其他常见摄影题材的拍摄技法。

本书适合希望掌握使用尼康微单相机拍摄的爱好者，同时也可用作开设摄影相关专业的各大中专院校的教材。

本书附赠一门包含相机功能操作、构图理念、视频拍摄理论及视频后期剪辑内容的在线学习视频课程，以帮助读者更好地学习摄影与视频拍摄。

图书在版编目(CIP)数据

尼康微单摄影入门 / 雷波编著. -- 北京 ： 化学工业出版社，2024. 9. -- ISBN 978-7-122-45942-8

Ⅰ．TB86；J41

中国国家版本馆CIP数据核字第202452N499号

责任编辑：潘　清　孙　炜　　　　　　　　　封面设计：异一设计
责任校对：李　爽　　　　　　　　　　　　　装帧设计：盟诺文化

出版发行：化学工业出版社（北京市东城区青年湖南街13号　邮政编码100011）
印　　装：北京宝隆世纪印刷有限公司
710mm×1000mm　1/16　印张11　字数230千字　2024年8月北京第1版第1次印刷

购书咨询：010-64518888　　　　　　　　　售后服务：010-64518899
网　　址：http://www.cip.com.cn
凡购买本书，如有缺损质量问题，本社销售中心负责调换。

定　　价：79.00元　　　　　　　　　　　　版权所有　违者必究

前　言
PREFACE

毫无疑问，在这个社会发展迅速的时代，摄影与摄像、线下与线上、娱乐与创业，正在相互融合，这给予了每一位摄影爱好者利用兴趣爱好进行创业变现的机会。

本书正是基于这样一个基本认识，针对正在使用尼康微单相机或正准备购买尼康微单相机的摄影爱好者，通过结构创新推出的整合了摄影与视频拍摄相关理论的学习书籍。

本书以尼康 Z8 相机为例，讲解了使用尼康微单相机应该掌握的相机按钮和实用菜单功能，如设置图像品质、触摸控制、自定义按钮、长时间曝光降噪、微调优化曝光等功能，还讲解了摄影基本理论，如曝光三要素、色温与白平衡的关系、对焦、测光、构图及用光理论等。

在实际拍摄方面，本书讲解了人像、山景、水景、雪景、日出日落、雾景、花卉、昆虫、鸟类、建筑及夜景的拍摄技法，通过举例详细讲解操作步骤，相信各位读者也能拍好相关的摄影题材。

为了拓展内容，本书还将附赠一门包含相机功能操作、构图理念、视频拍摄理论及视频后期剪辑内容的在线学习视频课程，以帮助读者更好地学习摄影与视频拍摄。

为方便交流与沟通，欢迎读者朋友添加我们的客服微信 hjysy1635，与我们在线交流，也可以加入摄影交流 QQ 群（327220740），与众多喜爱摄影的小伙伴交流。

如果希望每日接收新鲜、实用的摄影技巧，可以搜索我们的微信公众号"FUNPHOTO"；或在今日头条搜索"好机友摄影""北极光摄影"，在百度 App 中搜索"好机友摄影课堂""北极光摄影"，以关注我们的头条号、百家号；在抖音搜索"好机友摄影""北极光摄影"，关注我们的抖音号。

编著者
2024 年 7 月

目　录
CONTENTS

第2章 决定照片品质的曝光、对焦、景深及白平衡

第 3 章 用 Wi-Fi 功能连接手机

第 4 章 构图与用光美学基础理论

第 5 章 镜头、滤镜及脚架等附件的使用技巧

第 6 章 人像摄影题材实战技法

第 7 章 风光摄影题材实战技法

第8章 其他摄影题材实战技法

第1章

尼康微单相机的基础
操作与实用菜单功能

菜单的使用方法

尼康微单相机的菜单功能非常强大，熟练掌握菜单相关的操作，可以帮助用户进行更快速、准确的设置。下面以尼康 Z8 相机为例，介绍一下机身上与菜单设置相关的功能按钮。

● 多重选择器

用于选择菜单命令。按◀或▶方向键还可以在子菜单与上级菜单之间进行切换

● 菜单按钮

按下此按钮即可在显示屏中显示菜单项目

● OK按钮

用于选择菜单命令或确认当前的设置

● 帮助按钮

在选择各个菜单命令时，按下此按钮可以查看基本的功能介绍

使用菜单时，可以先按下MENU按钮，在显示屏中就会显示相应的菜单项目。显示屏左侧从上到下有8个图标，代表8个菜单项目，依次为照片拍摄🄰、视频拍摄🎥、自定义设定✐、播放▶、设定🔧、网络⬤、我的菜单🗄或最近的设定🕐，以及最底部的"问号"图标（即帮助图标）。当"问号"图标出现时，表明有帮助信息，此时可以按下帮助按钮进行查看。

菜单的基本使用方法如下。

（1）要在各个菜单项之间进行切换，可以按◀方向键切换至左侧的图标栏，再按▲或▼方向键进行选择。

（2）在左侧选择一个菜单项目后，按▶方向键可进入下一级菜单中，然后可按▲和▼方向键选择其中的子菜单命令。

（3）选择一个子菜单命令后，再次按▶方向键进入其参数设置页面，可以使用主指令拨盘、多重选择器等在其中进行参数设置。

（4）参数设置完毕后，按OK按钮即可确定参数设置。如果按◀方向键，则返回上一级菜单，并且不保存当前的参数设置。

由于尼康Z8相机的液晶显示屏是可触摸操作的，所以在使用菜单时，也可以通过点击屏幕进行操作。

⬇ 尼康 Z8 相机设定步骤

❶ 在左侧菜单图标栏中点击所需的图标

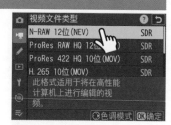

❷ 点击要修改的菜单项目

❸ 点击选择所需的选项

使用i按钮设置常用参数

使用尼康微单相机拍摄时，常用的参数设置都可以在相机背面的液晶显示屏中进行设置。

在拍摄模式下，按i按钮便可以进入常用菜单设定界面，在其中可以进行优化校准、图像品质、AF区域模式、白平衡模式、测光模式及对焦模式等常用功能的设置。

而在视频拍摄、播放照片模式下，按i按钮也会显示与视频或播放相关的常用菜单。

○ i按钮

○ 当屏幕实时显示图像时，按i按钮后显示的常用菜单设定界面

○ 在信息显示状态，按i按钮后显示的常用菜单设定界面

○ 在播放照片模式下，按i按钮后显示的常用菜单设定界面

下面讲解在常用菜单设定界面中设置所需参数的步骤。

（1）按i按钮以显示常用菜单设定界面。

（2）使用多重选择器选择要设置的拍摄参数。

（3）转动主指令拨盘选择一个选项，若存在子选项，则转动副指令拨盘进行选择。然后按OK按钮确定。

（4）也可以在第（2）步骤的基础上，按OK按钮进入该拍摄参数的具体设置界面。

（5）按◀和▶方向键选择所需的参数，然后按OK按钮返回初始界面。

如果是使用触摸的方式操作，可以在显示屏拍摄信息处于激活状态下时，点击屏幕上的 i设定 图标进入常用菜单设定界面，然后通过点击的方式进行选择操作。

在控制面板中设置常用拍摄参数

除了前面介绍的显示屏，控制面板（也被许多摄友称为"肩屏"）也是在参数设置时常用的部件。虽然控制面板中显示的参数不是很多，但仍然可以满足用户进行一些常用参数的设置。

通常情况下，在机身上按下相应的按钮，然后转动主指令拨盘，即可调整相应的参数。

在某些拍摄模式下，直接转动主指令拨盘或副指令拨盘即可对光圈、快门速度等参数进行设置，而无须按下任何按钮。右图展示了尼康Z8相机使用控制面板设置ISO感光度时的操作步骤。

尼康 Z8 相机感光度设置方法：按 ISO 按钮并转动主指令拨盘，即可调节 ISO 感光度

使用 DISP 按钮切换屏幕显示信息

使用尼康微单相机在拍摄过程中，按下 DISP 信息按钮可以在液晶显示屏上显示参数。每次按下此按钮，可以按照直方图→电子水准仪→取景器→详细信息→基本信息的顺序依次在液晶屏幕中切换显示不同的拍摄信息，便于用户在拍摄过程中随时查看相关参数并做出调整。

○ DISP 按钮

○ 直方图

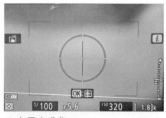

○ 电子水准仪

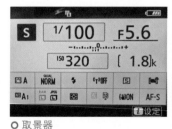

○ 取景器

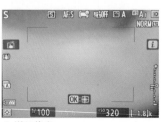

○ 详细信息

○ 基本信息

设置显示菜单功能

设置节电提高相机的续航能力

微单相机的耗电量较大，使用尼康微单相机一定要运用好"电源关闭延迟"功能，控制在"播放""菜单""照片查看"及"待机定时器"状态下未执行任何操作时，显示屏保持开启的时间长度。

将时间设置得越短，对节省电池的电力越有利。这一点在身处严寒环境中拍摄时显得尤其重要，因为在这样的低温环境下，电池电力的消耗会很快。

▼ 尼康 Z8 相机设定步骤

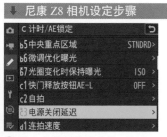
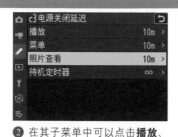
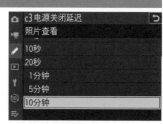

❶ 进入**自定义设定**菜单，点击 **C 计时 /AE 锁定**中的 **C3 电源关闭延迟**选项

❷ 在其子菜单中可以点击**播放、菜单、照片查看**或**待机定时器**选项

❸ 如果选择**播放**选项，点击设置回放照片时显示屏关闭的延迟时间

显示网格线辅助构图

尼康微单相机的"网格类型"功能可以对进行比较精确的构图提供极大便利，如严格的水平线或垂直线构图等。另外，4×4的网格结构也可以帮助用户进行较准确的3分法构图，这在拍摄时是非常实用的。该菜单用于设置是否在取景时显示网格。

使用时要注意开启"自定义显示屏拍摄显示"中关于网格线的显示选项开关。

▼ 尼康 Z8 相机设定步骤

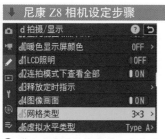
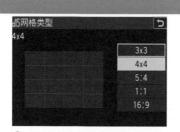

❶ 进入**自定义设定**菜单，点击 **d 拍摄 / 显示**中的 **d15 网格类型**选项

❷ 点击选择所需的网格类型选项

❸ 显示网格时显示屏的状态

将设置应用于显示屏以显示预览效果

在液晶显示屏取景模式下，当改变曝光补偿、白平衡、创意风格或照片效果时，通常可以在显示屏中即刻观察到这些设置的改变对照片的影响，以正确评估照片是否需要修改或如何修改这些拍摄设置。

但如果不希望这些拍摄设置影响液晶显示屏中显示的照片，尼康微单相机可以使用"查看模式（照片Lv）"菜单关闭此功能。在视频模式下，无论选择了什么选项，都始终显示相机设定的预览效果。

▼ 尼康 Z8 相机设定步骤

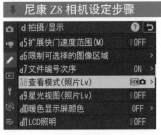

❶ 进入**自定义设定**菜单，点击**d拍摄/显示**中的**d8 查看模式（照片 Lv）**选项

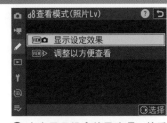

❷ 点击**显示设定效果**选项，然后点击●**选择**图标进入下一步设置

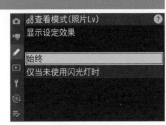

❸ 点击选择所需的选项

❹ 点击**调整以方便查看**选项

❺ 点击可选择**自动**或**自定义**选项

■ 显示设定效果：选择此选项，则修改白平衡、优化校准和曝光补偿等设置时，液晶显示屏将即刻反映该设置对画面的影响。可以选择"始终"和"仅当未使用闪光灯时"子选项。选择"始终"选项，当安装了闪光灯组件且闪光准备就绪时，液晶显示屏也能显示设定效果。选择"仅当未使用闪光灯时"选项，当安装了闪光灯组件且闪光准备就绪时，会调整显示亮度以方便查看，但还是会显示颜色的设定效果。

■ 调整以方便查看：选择此选项，则改变拍摄设置时，液晶显示屏中的画面不会反应变化。可以选择"自动"和"自定义"子选项。选择"自动"选项时，会自动调整液晶显示屏的色彩、亮度及其他设定，以方便在长时间使用时观看。选择"自定义"选项，可以对"白平衡""设定优化校准"和"调亮阴影"选项进行单独调整。

设置图像存储菜单功能

设置图像品质

在拍摄过程中，根据照片的用途及后期处理要求，可以通过"图像品质"菜单设置照片的保存格式与品质。如果用于专业输出或希望为后期调整留出较大的空间，则应采用RAW格式；如果只是日常记录或要求不太严格的拍摄，使用JPEG格式即可。

采用JPEG格式拍摄的优点是文件小、通用性高，适用于网络发布、家庭照片洗印等，而且可以使用多种软件对其进行编辑处理。虽然压缩率较高，损失了较多细节，但肉眼基本看不出来，因此是一种最常用的文件存储格式。

RAW格式则是一种数码相机文件格式，它充分记录了拍摄时的各种原始数据，因此具有极大的后期调整空间，但必须使用专用的软件进行处理，如Photoshop、捕影工匠等，经过后期调整转换格式后才能够输出照片，因而在专业摄影领域常使用此格式进行拍摄。其缺点是文件特别大，尤其在连拍时会极大地降低连拍的数量。

就图像质量而言，虽然采用"精细""标准""基本"品质拍摄的结果，用肉眼不容易分辨出来，但画面的细节和精细程度还是有区别的，因此，除非万不得已（如存储卡空间不足等），应尽可能使用"精细"品质。

■ RAW+JPEG/HEIF精细（精细★）/标准（标准★）/基本（基本★）：选择此选项，将记录两张照片，即一张 RAW格式的图像和一张精细/标准/基本品质的JPEG或HEIF 图像。

■ RAW：选择此选项，则来自图像感应器的14位原始数据将被直接保存到存储卡上。

■ JPEG/HEIF精细、JPEG/HEIF精细★：选择此选项，则以大约 1 : 4 的压缩率记录 JPEG/HEIF 图像（精细图像品质）。

■ JPEG/HEIF标准、JPEG/HEIF标准★：选择此选项，则以大约 1 : 8 的压缩率记录 JPEG/HEIF 图像（标准图像品质）。

■ JPEG/HEIF基本、JPEG//HEIF基本★：选择此选项，则以大约 1 : 16 的压缩率记录 JPEG/HEIF 图像（基本图像品质）。

❶ 在**照片拍摄菜单**中点击选择**图像品质**选项

❷ 点击选择文件存储的格式及品质

尼康 Z8 相机图像品质设置方法：按下 ⅈ 按钮显示常用设定菜单，使用多重选择器选择图像品质选项，然后转动主指令拨盘选择所需的图像品质选项。也可以通过点击屏幕的方式进行操作

设置图像尺寸

图像尺寸直接影响着最终输出照片的大小，通常情况下，只要存储卡空间足够，就建议使用大尺寸，以便在计算机上通过后期处理软件，以裁剪的方式对照片进行二次构图。

另外，如果照片用于印刷、洗印等，也推荐使用大尺寸记录。如果只是用于网络发布、简单地记录或在存储卡空间不足时，则可以根据情况选择较小的尺寸。

尼康Z8相机设定步骤

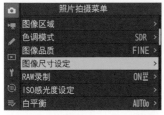

❶ 在**照片拍摄菜单**中点击选择**图像尺寸设定**选项

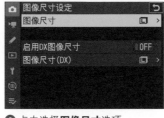

❷ 点击选择**图像尺寸**选项

❸ 点击选择所需的照片尺寸选项

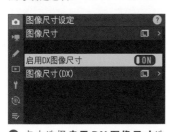

❹ 点击选择**启用 DX 图像尺寸**选项，使其处于 ON 开启状态

❺ 点击选择**图像尺寸（DX）**选项

❻ 点击选择 DX 画幅下的图像尺寸选项

○ 街拍的照片大部分没有进行后期处理的必要性，因此可以设置小一点的尺寸

设置 RAW 文件压缩

众所周知，RAW 格式可以最大限度地记录照片的拍摄数据，比 JPEG 格式拥有更高的可调整宽容度，但其最大的缺点就是由于记录的信息很多，因此文件容量非常大。在尼康微单相机中，可以根据需要设置已压缩选项，以减小文件容量——当然，在存储卡空间足够的情况下，应尽可能地选择未压缩的文件格式，从而为后期处理保留更大的空间。

在尼康微单相机中，如尼康 Z8 相机，可以根据需要在"RAW 录制"菜单中选择适当的压缩选项，以减少文件大小。

↓ 尼康Z8相机设定步骤

❶ 在**照片拍摄菜单**中点击 **RAW 录制**选项

❷ 点击选择所需的选项

■ 无损压缩：选择此选项，则使用可逆算法压缩RAW图像，可在不影响图像品质的情况下将文件压缩。

■ 高效率★：选择此选项，产生的照片品质可以媲美"无损压缩"所产生的照片品质，但又高于"高效率"的照片品质，文件大小约缩减为无损压缩RAW格式的1/2。

■ 高效率：选择此选项，保持与无损压缩RAW格式相同的高品质，同时文件大小约减少1/3，使得RAW图像比以往更易于处理。

80mm F5.6 1/200s ISO180

❍ 拍摄如此壮丽的风景照片时，为了保留最大的后期处理空间，可以设置 RAW 文件压缩为"无损压缩"

设置影像区域

尼康全画幅微单相机为了满足用户获得更具个性的画面比例，除了 FX 格式，还提供了 DX、1：1 及 16：9 等 3 种影像区域。以尼康 Z8 相机为例，它的有效像素为 4571 万，即使在 DX 格式下，也可以获得约 1900 万的有效像素，这已经可以满足绝大部分日常拍摄及部分商业摄影的需求了。

■ FX（36×24）：选择此选项，使用图像传感器的全区域以FX格式（36.0mm×24.0mm）记录影像，产生相当于35mm格式相机的镜头视角。

■ DX（24×16）：选择此选项，使用位于图像传感器中央约24.0mm×16.0mm区域以DX格式记录照片。在使用全画幅镜头拍摄时，此格式记录的画面效果约等于镜头焦距×1.5的拍摄效果，从而无须更换镜头即可获得远摄效果。

■ 1：1（24×24）：以1：1（24.0mm×24.0mm）的宽高比记录照片。当以方画幅表现画面时，可以选择此选项。

▼ 尼康Z8相机设定步骤

❶ 在**照片拍摄菜单**中点击选择**图像区域**选项

❷ 点击**选择图像区域**选项

❸ 点击选择所需的选项

❹ 如果点击了 **DX 裁切提醒**选项，使其处于 ON 的开启状态

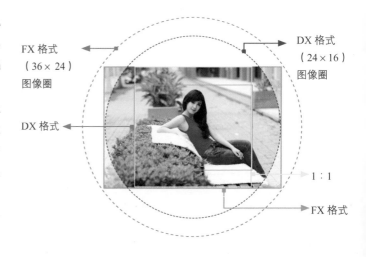

■ 16：9（36×20）：以16：9（36.0mm×20.0mm）的宽高比记录照片。使用此影像区域拍摄的画面，在视觉上显得更为宽广。

设置控制菜单功能

触摸控制

尼康微单相机的屏幕基本上都支持触摸操作，用户可以触摸屏幕来进行拍摄照片、设置菜单、回放照片等操作。要开启触摸模式，需要通过相关的菜单进行设置。

在"触控控制"菜单中，用户可以通过"启用/禁用触控控制"菜单选择是否启用触摸操作功能，或者仅在播放照片时使用触摸操作。

在"手套模式"菜单中，选择"ON"选项，可以提高触摸屏的灵敏度，从而更便于在佩戴手套时使用触摸屏。

尼康Z8相机设定步骤

❶ 在**设定菜单**中点击选择**触控控制**选项

❷ 点击选择**启用 / 禁用触控控制**选项

❸ 点击选择所需的选项

清除全部相机设置

初学者经常会遇到各种选项或相机操作失灵的情况，此时，较好的方法之一就是利用菜单清除相机的全部设置。

尼康微单相机通过"重设所有设定"菜单，可以将相机设置全部清除。

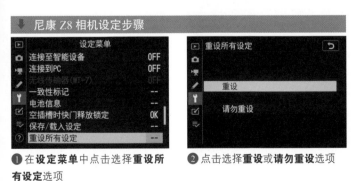

尼康 Z8 相机设定步骤

❶ 在**设定菜单**中点击选择**重设所有设定**选项

❷ 点击选择**重设**或**请勿重设**选项

设置自动切换取景器与显示屏

使用尼康微单相机既可以通过显示屏取景拍摄，也可以通过电子取景器进行取景拍摄，用户可以根据自己的拍摄习惯来选择取景模式。以尼康 Z8 相机为例，通过按下相机顶部侧面的显示屏模式按钮，可以按照自动显示开关→仅取景器→仅显示屏→优先考虑取景器顺序循环切换显示模式。

○ 显示屏模式按钮

■ 自动显示开关：当相机的眼感应器感应到眼睛靠近取景器时，会在取景器中显示参数和图像，当感应到眼睛离开取景器时，则在显示屏中显示参数和图像。

■ 仅取景器：在取景器中除了显示图像和参数，当进行设置菜单和播放操作时，这些信息也显示在取景器中，而显示屏则是空白的，此模式适合在剩余电量较少时使用。

■ 仅显示屏：将在显示屏中进行取景拍摄、菜单设定和播放操作。即使眼睛靠近取景器，取景器也不会显示相关内容。

■ 优先考虑取景器（1）：此模式与单反相机类似。在照片拍摄模式下，当眼睛靠近取景器时会开启取景器显示模式，而当眼睛离开取景器时会关闭取景器显示状态，显示屏则并不会显示相关内容。而在视频拍摄模式下，按照"自动显示开关"模式运行。

■ 优先考虑取景器（2）：在照片拍摄模式下，当眼睛靠近取景器观看时、照相机开启、半按快门释放按钮或按下AF-ON按钮后的几秒钟内，取景器均会开启。在视频模式下，则也是按照"自动显示开关"模式运行。

❶ 在**设定菜单**中，点击选择**限制显示屏模式选择**选项

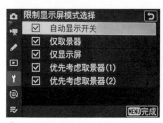

❷ 点击勾选要保留的模式选项，然后点击 MENU 完成图标确定

如果想要减少取景方式的数量，可以通过"限制显示屏模式选择"菜单勾选想要保留的模式，以简化按下显示屏模式按钮选择模式时的操作。

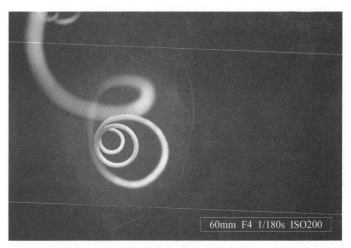

60mm F4 1/180s ISO200

○ 在拍摄比较细小的题材时，建议使用显示屏进行拍摄，这样在放大图像时，可以更直观、准确地查看画面对焦点是否清晰

修改自定义按钮的功能

使用尼康微单相机时，如尼康 Z8 相机，可以在"自定义控制（拍摄）"菜单中，根据个人的操作习惯或临时的拍摄需求，为镜头环、相机按钮和指令拨盘指定一个功能，如 Fn1 按钮、Fn2 按钮、AF-ON 按钮、副选择器的中央、视频录制按钮、镜头 Fn 按钮、镜头控制环等常用按钮都支持自定义功能。

在"自定义控制（拍摄）"菜单中，可以为各按钮在单独使用时，或者按钮＋指令拨盘组合使用时指定功能，如果能够按自己的拍摄操作习惯对该按钮的功能进行重新定义，就能够使拍摄操作更顺手。

例如，如果摄影师将按下 AF-ON 按钮的操作指定为"选择中央对焦点"功能，那么在拍摄时按下 AF-ON 按钮即可选择中央对焦点。

↓ 尼康Z8相机设定步骤

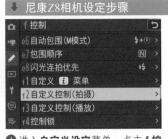

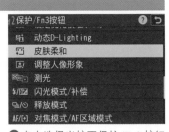

❶ 进入**自定义设定**菜单，点击 **f 控制**中的 **f2 自定义控制（拍摄）**选项

❷ 点击一个按钮选项（此处以保护/Fn3 按钮为例）

❸ 点击选择当按下保护 /Fn3 按钮时所执行的功能

除了在"自定义控制（拍摄）"菜单中指定按钮在拍摄时的功能，在播放照片模式下，通过"自定义控制（播放）"菜单，可以为 Fn1 按钮、Fn2 按钮、竖拍 Fn 按钮、DISP 按钮、保护 /Fn3 按钮、OK 按钮、主指令拨盘、视频录制按钮和副指令拨盘指定按下它们时所执行的操作。例如，如果将 Fn1 按钮注册为"保护"，则在播放照片时，按下 Fn1 按钮就可以保护所选择的照片。

↓ 尼康Z8相机设定步骤

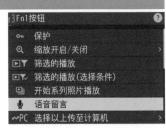

❶ 进入**自定义设定**菜单，点击 **f 控制**中的 **f3 自定义控制（播放）**选项

❷ 点击一个按钮选项（此处以 Fn1 按钮为例）

❸ 点击选择当按下Fn1按钮时所执行的功能

根据拍摄题材设定优化校准

优化校准是相机依据不同拍摄题材的特点，对照片进行的一些色彩、锐度及对比度等方面的校正。例如，在拍摄风光题材时，可以选择"风景"优化校准，以得到色彩较为艳丽，且锐度和对比度都较高的风光照片。

对于那些喜欢拍摄后直接出片的摄影爱好者而言，使用优化校准可以省去后期操作的过程，虽然灵活度比在后期处理软件中低一些，但也不失为一个方便的选择。

尼康微单相机提供了"自动""标准""自然""鲜艳""单色""人像""风景""平面"和"创意优化校准"。

◆ 尼康Z8相机设定步骤

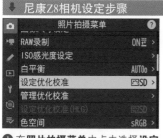

❶ 在**照片拍摄菜单**中点击选择**设定优化校准**选项

❷ 点击选择预设的优化校准选项，然后点击 调整图标进入调整界面

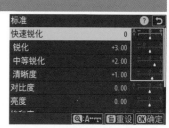

❸ 选择不同的参数并根据需要修改后，点击 OK确定图标确定

❹ 若在步骤**❷**中选择了创意优化校准之一，点击 调整图标同样可以进入详细调整界面

❺ 选择不同的参数并根据需要修改后，点击 OK确定图标确定

尼康 Z8 相机优化校准设置方法： 在默认设定下，按住 ☜（Fn3）按钮并旋转主指令拨盘选择优化校准选项。当选择了创意优化校准选项时，按住 ☜（Fn3）按钮并旋转副指令拨盘可以调整效果级别

■ **A** **自动：** 此风格根据"标准"风格自动调整色相和色调。与使用"标准"选项拍摄的照片相比，使用此风格拍摄的人像照片，肤色看起来更柔和，而使用此风格拍摄的风光照片的颜色看起来更鲜艳。

■ **SD** **标准：** 此风格是最常用的照片风格，拍出的照片画面清晰，色彩鲜艳、明快。

■ **NL** **自然：** 进行最低程度的处理以获得比较自然的效果。需要在后期进行照片处理或润饰时选用。

■ **VI** **鲜艳：** 进行增强处理以获得鲜艳的效果，在强调照片主要色彩时选用。

■ **MC** **单色：** 使用该风格可拍摄黑白或单色照片。

■ ⊠PT 人像：当使用该风格拍摄人像时，人物的皮肤会显得更加柔和、细腻。

■ ⊠LS 风景：当使用该风格拍摄风光时，画面中的蓝色和绿色会有非常好的表现。

■ ⊠FL 平面：使用此风格拍摄将获得更宽广的色调范围，如果在拍摄后需要对照片进行润饰处理，可以选择此选项。

■ ⊠01 -⊠20 Creative Picture Control（创意优化校准）：可以从梦幻、清晨、流行、星期天、低沉、戏剧、静寂、忧郁、纯净、牛仔布、玩具、棕褐色、蓝色、红色、粉色、木炭、石墨、双色及黑炭等20种优化校准中进行选择。每一种优化校准都是独一无二的组合，并且提供了效果级别、色相、饱和度等可以调整参数的选项。

在详细调整参数界面中，可以对以下选项进行调整。

■ 效果级别：可以减弱或增强创意优化校准的效果。

■ 快速锐化：可以批量调整锐化、中等锐化及清晰度的级别。若选择A选项，则由相机自动调整。除了可以批量调整，也可以对锐化、中等锐化及清晰度进行单独调整。

■ 锐化：控制图像细节和轮廓的锐度。向—端靠近则降低锐度，图像变得越来越模糊；向+端靠近则提高锐度，图像变得越来越清晰。

■ 中等锐化：根据图案和线条的精细度，为受锐化和清晰度影响的中间色调调整锐利度。向—端靠近则降低锐度，图像变得越来越模糊；向+端靠近则提高锐度，图像变得越来越清晰。

■ 清晰度：在不影响亮度或动态范围的情况下，调整画面的整体锐利度和较粗轮廓的锐利度。向—端靠近则降低清晰度，图像变得越来越柔和；向+端靠近则提高清晰度，图像变得越来越清晰。

■ 对比度：控制图像的反差及色彩的鲜艳程度。若选择A选项，则根据场景类型自动调整对比度；向—端靠近降低反差，图像变得越来越柔和；向+端靠近提高反差，图像变得越来越明快。

■ 亮度：此参数可以在不影响照片曝光的前提下，改变画面的亮度。向—端靠近则降低亮度，画面变得越来越暗；向+端靠近则提高亮度，画面变得越来越亮。

■ 饱和度：控制色彩的鲜艳程度。若选择A选项，则根据场景类型自动调整饱和度；向—端靠近则降低饱和度，色彩变得越来越淡；向+端靠近则提高饱和度，色彩变得越来越艳。

■ 色相：控制画面色调的偏向。向—端靠近则红色偏紫、蓝色偏绿、绿色偏黄；向+端靠近则红色偏橙、绿色偏蓝、蓝色偏紫。

■ 调色：选择用于Creative Picture Control（创意优化校准）的颜色的浓淡。

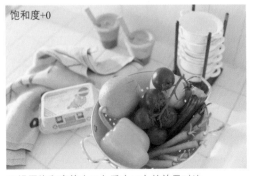

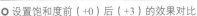
○ 设置饱和度前（+0）后（+3）的效果对比

皮肤柔和功能使皮肤更细腻

尼康 Z8 相机具有"皮肤柔和"功能,如果在拍摄人像时开启此功能,则可以柔化被摄者的皮肤,同时保持眼睛和头发的清晰度完好无损,此功能在拍摄女性时特别有用,可以使其皮肤看上去更加柔嫩、细腻、光滑。

此功能具有高、标准、低3个等级,选择的等级越高,人像皮肤被柔化的程度也越高。

❶ 在**照片拍摄菜单**中点击选择**皮肤柔和**选项　　❷ 点击选择所需的选项

50mm F4 1/180s ISO200

○ 启用"皮肤柔和"功能,就相当于在拍摄时就进行了磨皮处理,使拍摄出来的人物皮肤更为细腻

调整人像形象

通过"调整人像形象"菜单,可以微调人像画面的色相和亮度设定,并将结果保存为"模式1""模式2"或"模式3"选项,以便在拍摄期间应用。例如,在拍摄美女时,可以将色相向M(洋红色)偏移,亮度值增加,这样就能拍出白里透红的肤色,再搭配使用"皮肤柔和"功能,可以轻松拍出皮肤细腻、白皙的人像照片。

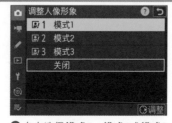

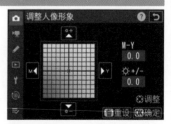

❶ 在**照片拍摄菜单**中点击选择**调整人像形象**选项

❷ 点击选择**模式1**、**模式2**或**模式3**选项,然后点击 [调整] 图标

❸ 点击▲和▼图标可以调整亮度,点击◀和▶图标可以调整色相,设定完成后点击 [OK确定] 图标确认

设置微单相机与曝光相关的菜单功能

长时间曝光降噪

曝光时间越长，产生的噪点就越多，此时，可以启用"长时间曝光降噪"功能来减少画面中产生的噪点。

"长时间曝光降噪"菜单用于对快门速度低于1s（或者说总曝光时间长于1s）所拍摄的照片进行减少噪点处理，处理所需时长约等于当前曝光的时长。

尼康Z8相机设置步骤

❶ 在**照片拍摄菜单**中点击选择**长时间曝光降噪**选项

❷ 点击使其处于 ON 开启状态

○ 左图是未开启"长时间曝光降噪"功能拍摄的画面局部，右图是开启了"长时间曝光降噪"功能后拍摄的画面局部，可以看到右图中的杂色及噪点都明显减少了，但同时也损失了一些细节

提示：一般情况下，建议将"长时间曝光降噪"设置为"ON"；但是在某些特殊条件下，比如在寒冷的天气下拍摄，电池的电量消耗得很快，为了保持电池电量，建议关闭该功能。因为相机的降噪过程和拍摄过程需要大致相同的时间。

24mm F14 15s ISO100

○ 通过较长时间曝光拍摄的夜景照片

高 ISO 降噪

感光度越高，照片产生的噪点也就越多，此时可以启用"高ISO降噪"功能来减少画面中的噪点，但需要注意的是，这样会失去一些画面细节。

在"高 ISO 降噪"菜单中包含"高""标准""低""关闭"4 个选项。选择"高""标准"或"低"选项，可以在任何时候执行降噪（不规则间距明亮像素、条纹或雾像），尤其对使用高 ISO 感光度拍摄的照片更有效；选择"关闭"选项，则不会对照片进行降噪。

对于喜欢采用 RAW 格式存储照片或喜欢连拍的摄影师，建议关闭该功能；对于喜欢直出照片或采用 JPEG 格式存储照片的摄影师，建议选择"标准"或"低"选项。

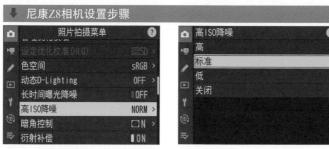

❶在**照片拍摄菜单**中点击选择**高 ISO 降噪**选项

❷点击选择不同的降噪标准

○ 右侧上图是未开启"高 ISO 降噪"功能放大后的画面局部，右侧下图是开启了"高 ISO 降噪"功能放大后的画面局部，可以看到画面中的杂色及噪点都明显减少，但同时也损失了一些细节

设置曝光等级增量控制调整幅度

尼康微单相机的"曝光控制 EV 步长"功能可以设置快门速度、光圈、包围曝光、曝光和闪光补偿时使用的增量，可以选择"1/3EV 步长""1/2EV 步长"和"1EV 步长"选项。

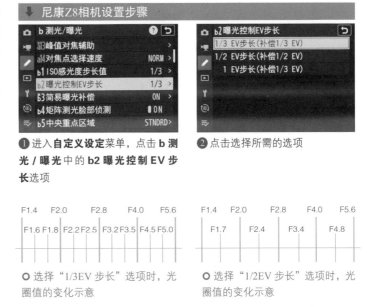

❶ 进入**自定义设定**菜单，点击 **b 测光 / 曝光**中的 **b2 曝光控制 EV 步长**选项

❷ 点击选择所需的选项

○ 选择"1/3EV 步长"选项时，光圈值的变化示意

○ 选择"1/2EV 步长"选项时，光圈值的变化示意

微调优化曝光

在摄影追求个性化的当下，有一些摄影师特别偏爱过曝或欠曝的照片，在他们的作品中几乎看不到正常曝光的画面。使用尼康微单相机拍摄照片，可利用"微调优化曝光"菜单设置针对每一张照片都增加或减少的曝光补偿值。例如，可以设置在拍摄过程中只要相机使用了矩阵测光模式，则每张照片均在正常测光值的基础上再增加一定数值的正向曝光补偿。

尼康微单相机在"微调优化曝光"菜单中包含"矩阵测光""中央重点测光""点测光""亮部重点测光"4 个选项。对于每种测光模式，均可在 -1~ + 1EV 之间以 1/6EV 步长为增量进行微调。

尼康Z8相机设置步骤

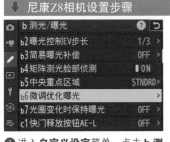

❶ 进入**自定义设定**菜单，点击 **b 测光 / 曝光**中的 **b6 微调优化曝光**选项

❷ 在 4 种测光模式中选择一种进行微调

❸ 点击▲和▼图标可以以 1/6 步长为增量选择不同的数值，然后点击 OK确定图标确认

拍摄大光比场景时利用动态范围功能优化曝光

根据光源和拍摄环境的不同，有时候死白和死黑是无法避免的，即使使用曝光补偿和手动模式也一样，但现在的数码相机都搭载了动态范围功能。动态范围是用于表示亮部与暗部之间层次范围的摄影术语，启用相机的动态范围功能进行拍摄，可以减少死黑和死白的现象，相机的图像传感器越大，动态范围就越大，所以全画幅相机的动态范围要优于 APS-C 画幅相机。

在动态范围菜单中，一般都能调整效果的强弱，可以根据拍摄场景选择高、低或自动等选项，不管是明暗差明显的逆光、黎明、傍晚还是夜景，在各种拍摄场景中都可以使用动态范围功能来改善曝光。

例如，在直射明亮阳光下拍摄时，拍出的照片中容易出现较暗的阴影与较亮的高光区域，启用动态范围功能，可以确保所拍出照片中的高光区域和阴影区域的细节不会丢失。因为此功能会使照片的曝光稍欠一些，有助于防止照片的高光区域完全变白而显示不出任何细节，同时还能够避免因为曝光不足而使阴影区域中的细节丢失。

根据相机品牌的不同，动态范围功能的名称也有所区别，在尼康微单相机中被称为"动态 D-Lighting"。

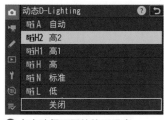

❶ 在**照片拍摄菜单**中点击选择**动态D-Lighting**选项

❷ 点击选择不同的校正强度

关闭

标准

高2

○ 通过左侧的对比图可以看出，未开启"动态 D-Lighting"功能时，画面对比强烈；而将动态范围级别设置为"标准"时，画面对比仅是较为明显；当将动态范围级别设置为"高 2"时，画面对比柔和，高光及阴影部分都有细节表现，但放大后查看会发现阴影部分出现噪点

利用 HDR 功能得到完美曝光照片

什么是 HDR

　　HDR 的全称是 High Dynamic Range，即高动态范围图像。HDR 是一种图像处理技术，通过捕捉不同亮度的场景，将其合并成一张具有更大动态范围和更丰富色彩层次的照片。

　　在普通拍摄时，相机会拍摄场景的单张曝光照片，这种方法在面对明暗反差较大的场景时，会导致图像丢失细节或者出现死白现象。

　　而利用 HDR 功能可以一次拍摄标准曝光、曝光过度和曝光不足的 3 张照片，然后将这 3 张照片合成为一张理想的照片，它的优势在于，可以捕捉到场景中的所有细节和颜色，并增强了明暗对比度和色彩层次，因此，在拍摄晴天下的白云、逆光风景等很多场景中都很有效。

○ 没有使用 HDR 功能拍摄的照片，可以看到天空没有多少细节

○ 使用 HDR 功能拍摄的照片，不管是天空还是地面景物，都有丰富的细节和色彩

调整动态范围

　　尼康微单相机提供了机内合成HDR功能，可以直接拍摄并合成HDR照片。其原理是分别拍摄增加曝光量及减少曝光量的图像，然后由相机进行合成，从而获得暗调与高光区域都能均匀显示细节的HDR效果照片。

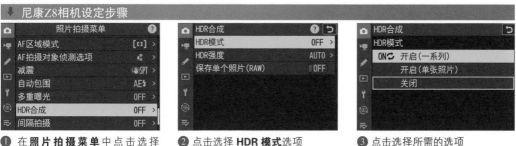

❶ 在**照片拍摄菜单**中点击选择 **HDR 合成**选项

❷ 点击选择 **HDR 模式**选项

❸ 点击选择所需的选项

④ 若在步骤❷中选择 **HDR 强度**选项，在此点击选择所需的强度选项

⑤ 若选择**保存单个照片（RAW）**选项，点击使其处于 ON 开启状态

■HDR模式：用于设置是否开启及是否连续多次拍摄HDR照片。选择"开启（一系列）"选项，将一直保持HDR模式的打开状态，直至拍摄者手动将其关闭为止；选择"开启（单张照片）"选项，将在拍摄完成一张HDR照片后，自动关闭此功能；选择"关闭"选项，将禁用HDR拍摄模式。

■HDR强度：用于控制HDR照片的强度。包括"自动""高+""高""标准""低"5个选项。若选择"自动"选项，照相机将根据场景自动调整HDR强度。

■保存单个照片（RAW）：选择"ON"选项，则用于HDR图像合成的单张照片都被保存。无论将图像品质和尺寸设置为何种类型，照片都将被保存为NEF（RAW）文件。选择"OFF"选择则不会保存单张照片，而只保存相机合成为HDR效果的照片。

○ 使用 HDR 功能拍摄的照片，画面整体的细节和色彩都比较好

设置对焦菜单功能

设置蜂鸣音方便确认对焦情况

在拍摄比较细小的物体时,是否正确合焦可能不容易从取景器及显示屏上分辨出来,这时可以开启"蜂鸣音"功能,以便确认相机合焦后迅速按下快门按钮,从而得到清晰的画面。如果选择"关闭"选项,将不会发出提示音。

↓ 尼康Z8相机设定步骤

❶ 在**设定菜单**中点击选择**照相机声音**选项

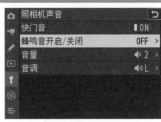

❷ 点击选择**蜂鸣音开启/关闭**选项

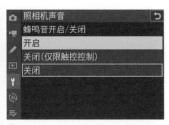

❸ 点击可选择是否开启蜂鸣音功能

❹ 若在步骤❷中选择**音量**选项,点击可选择音量的大小,然后点击 OK确定 图标确定

❺ 若在步骤❷中选择**音调**选项,点击可选择音调的高低,然后点击 OK确定 图标确定

> 提示:建议开启该功能,这样不仅可以很好地帮助摄影师确认是否合焦,同时在自拍时也能起到较好的提示作用。

■ 蜂鸣音开启/关闭:选择此选项,可以设置开启或关闭蜂鸣音功能,或者在触摸控制,关闭蜂鸣音功能。

■ 音量:选择此选项,可以设置蜂鸣音的音量大小,包含"3""2""1"3个选项。数值越小,则发出的蜂鸣音也越小。

■ 音调:选择此选项,可以设置蜂鸣音声调的"高"或"低"。

100mm F5.6 1/400s ISO100

○ 拍摄微距画面时,开启蜂鸣音方便提醒用户是否对焦精确

开启对焦点显示

若开启显示自动对焦点功能，则播放照片时对焦点将以小框显示，这时如果发现焦点不在希望合焦的位置上，可以重新拍摄。

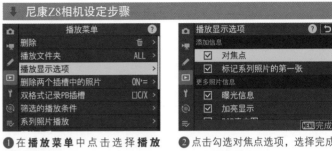

❶ 在**播放菜单**中点击选择**播放显示选项**

❷ 点击勾选对焦点选项，选择完成后点击⬛⬛图标确定

设置内置AF辅助照明器辅助对焦

在弱光环境下，相机的自动对焦功能会受到很大的影响。此时，可以利用"内置AF辅助照明器"功能来提供简单的照明，以满足自动对焦对拍摄环境亮度的要求。

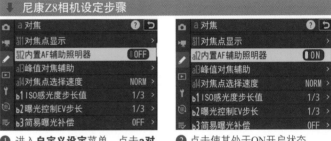

❶ 进入**自定义设定菜单**，点击**a对焦**中的**a12内置AF辅助照明器**选项

❷ 点击使其处于ON开启状态

提示：在不能使用AF辅助照明器照明时，如果难以对焦，可以挑选明暗反差较大的位置进行对焦。如果拍摄的是会议或体育比赛等不能被打扰的对象，应该关闭此功能。另外，此功能并不适用于所有镜头，因为某些体积较大的镜头会挡住AF辅助照明器。因此，当开启此功能但AF辅助照明器未发挥作用时，要检查是不是由于镜头遮挡了AF辅助照明器造成的。

■ ON：选择此选项，在AF-S单次伺服自动对焦模式下，当拍摄场景中的光线不足时，内置自动对焦辅助照明器会点亮以辅助自动对焦。

■ OFF：选择此选项，则内置自动对焦辅助照明器不会被点亮以辅助对焦操作。在光线不足时，相机可能无法使用自动对焦功能。

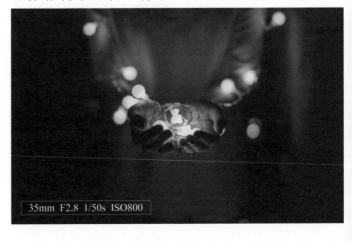

35mm F2.8 1/50s ISO800

○ 弱光环境下拍摄时，启用此功能可以提升自动对焦成功率

通过限制对焦区域模式加快操作速度

虽然尼康微单相机提供了多种自动对焦区域模式，但是每个人的拍摄习惯和拍摄题材不同，这些模式并非都是常用的，甚至有些模式几乎不会用到，因此可以在菜单中自定义选择所需的自动对焦区域选择模式，以简化拍摄时的操作。

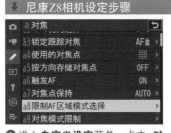

❶进入**自定义设定**菜单，点击**a对焦**中的**a8限制AF区域模式选择**选项

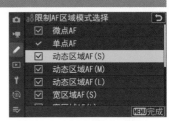

❷点击勾选常用的自动对焦区域模式，选择完成后点击 画菜完成 图标确认

设定对焦跟踪灵敏度，确保拍摄不同题材不丢焦

当有物体从拍摄对象与相机之间穿过时，可以通过"锁定跟踪对焦"菜单设置对焦的跟踪灵敏度。

数值向"延迟"端设置，相机反应越慢，原始被拍摄对象失焦的可能性就越小。

数值向"快速"端设置，相机的反应速度越快，相机则会更容易对焦在经过的物体上。

例如，在景区中给家人或朋友拍摄时，在镜头与被拍摄对象之间有可能有其他游人经过，这时就要把此功能的灵敏度数值设置得低一些，使对焦点保持在被摄对象上，而不是别人一经过就切换对焦了。

❶进入**自定义设定**菜单，点击**a对焦**中的**a3 锁定跟踪对焦**选项

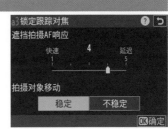

❷点击选择所需的选项，然后点击 函确定 图标确认

在不同的拍摄方向上自动切换对焦点

在水平或垂直方向切换拍摄时，人们常常遇到的一个问题就是，在切换至不同的方向时，会使用不同的自动对焦点。在实际拍摄时，如果每次切换拍摄方向都重新指定对焦点无疑非常麻烦。

利用"按方向存储对焦点"功能，可以实现在使用不同的拍摄方向拍摄时相机自动切换到之前存储的对焦点上。

■ 对焦点：选择此选项，可以在屏幕上分别选择3个方向的对焦点，并且在后

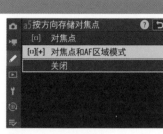

❶ 进入**自定义设定**菜单，点击**a对焦**中的**a5 按方向存储对焦点**选项

❷ 点击选择所需的选项

续的拍摄中，当相机切换到该方向时，自动切换到所选对焦点的位置，以简化拍摄时切换对焦点的操作。

■ 对焦点和AF区域模式：选择此选项，不但可以分别选择3个方向的对焦点，还可以分别选择对焦区域模式。

■ 关闭：选择此选项，不管使用什么方向拍摄，相机都不会改变对焦点的位置。

▲ 选择"对焦点"选项，当相机逆时针旋转90°时自动对焦点的位置

▲ 选择"对焦点"选项，当相机为风景（横向）时自动对焦点的位置

▲ 选择"对焦点"选项，当相机顺时针旋转90°时自动对焦点的位置

▲ 选择"关闭"选项，当相机逆时针旋转90°时自动对焦点的位置

▲ 选择"关闭"选项，当相机为风景（横向）方向时自动对焦点的位置

▲ 选择"关闭"选项，当相机顺时针旋转90°时自动对焦点的位置

AF-S 模式下优先释放快门或对焦

在尼康微单相机中，为AF-S单次伺服自动对焦模式提供了优先释放对焦或快门设置选项，以便满足用户多样化的拍摄需求。

例如，在弱光拍摄环境或不易对焦的情况下，使用单次自动对焦模式拍摄时，也可能会出现无法迅速对焦而导致错失拍摄时机的问题，此时就可以在"AF-S优先选择"菜单中进行设置。

选择"对焦"选项，相机将优先进行对焦，直至对焦完成后才会释放快门，因而可以清晰、准确地捕捉到瞬间影像。此选项的缺点是，可能会由于对焦时间过长而错失精彩的瞬间。选择"释放"选项，将在拍摄时优先释放快门，以保证抓取到瞬间影像，但可能会出现尚未精确对焦即释放快门，而导致照片脱焦变虚的问题。

❶ 在**自定义设定**菜单，点击**a对焦**中的**a2 AF-S优先选择**选项

❷ 点击选择一个选项即可

AF-C 模式下优先释放快门或对焦

在使用 AF-C 连续伺服自动对焦模式拍摄动态的对象时，为了保证拍摄成功率，往往会与连拍模式组合使用，此时就可以根据个人的习惯来决定在拍摄照片时，是优先进行对焦，还是优先释放快门。

选择"对焦"选项，相机将优先进行对焦，直至对焦完成后才会释放快门，因而可以清晰、准确地捕捉到瞬间影像。适用于对清晰度有要求的题材。

选择"释放"选项，相机将优先释放快门，适用于无论如何都想要抓住瞬间拍摄机会的情况。但可能会出现尚未精确对焦即释放快门，从而导致照片脱焦的问题。

选择"对焦＋释放"选项，相机将采用对焦与释放均衡的拍摄策略，以尽可能拍摄到既清晰又及时的精彩瞬间影像。

❶ 在**自定义设定**菜单，点击**a对焦**中的**a1 AF-C优先选择**选项

❷ 点击选择一个选项即可

对焦时人脸/眼睛优先

眼睛是心灵的窗户。在拍摄人像时，通常会对人眼进行对焦，从而让人物显得更有神采。但如果选择单个对焦点拍摄，并将该对焦点调整到人物眼部进行拍摄时，操作速度往往会比较慢。如果人物再稍有移动，可能还会造成对焦不准的情况。而使用尼康微单相机的 AF 拍摄对象侦测功能，可以既快速又准确地对焦到脸部或者眼睛进行拍摄。

在尼康微单相机中，该功能不但支持人眼对焦，还支持动物眼睛对焦，对于野生动物或者宠物题材的拍摄，也非常有帮助。

使用尼康微单相机时，如尼康 Z8 相机，当对焦区域模式设置为"宽区域 AF（S）""宽区域 AF（L）""宽区域 AF（C1）""宽区域 AF（C2）""3D 跟踪""对象跟踪 AF"或"自动区域 AF"模式时，可以使用拍摄对象侦测功能。通过"AF 拍摄对象侦测选项"菜单来选择优先对焦的拍摄对象类别，可以选择"自动""人物""动物""交通工具""飞机"和"拍摄对象侦测关闭"等选项，当相机检测到所选择的拍摄对象时，会显示一个对焦点标识。

↓ 尼康Z8相机设定步骤

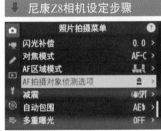
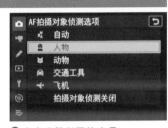

❶ 在**照片拍摄菜单**中点击选择**AF 拍摄对象侦测选项**

❷ 点击选择所需的选项

■ 人物：选择此选项，当相机检测到人脸时，对焦点会显示边框。若检测到眼部，则对焦点将出现在其中的一只眼睛上（脸部/眼部侦测自动对焦）。若在检测到脸部后，脸部移动，则对焦点将移动以跟踪其动作。

■ 动物：选择此选项，可以检测到狗、猫或鸟，对焦点将出现在相关动物的脸上。

■ 交通工具：选择此选项，可以检测到汽车、摩托车、火车、飞机或自行车，对焦点将出现在相关的车辆上。

■ 飞机：选择此选项，可以检测到飞机，根据飞机的尺寸，对焦点将出现在机身、机头或驾驶舱。

■ 自动：选择此选项，相机将侦测人物、动物和车辆并自动选择一个拍摄对象进行对焦。

■ 拍摄对象侦测关闭：选择此选项，则禁用此功能。

○ 在拍摄环境人像时，可以选择"人物"选项，使相机自动识别人脸对焦

设置峰值对焦辅助

峰值对焦是一种独特的辅助对焦显示功能，开启此功能后，在使用手动对焦模式进行拍摄时，如果被摄对象对焦清晰，则其边缘会出现标示色彩（通过"峰值对焦辅助加亮显示颜色"进行设定）轮廓，以方便拍摄者辨识。

在"峰值对焦辅助感光度"选项中可以设置轮廓增强显示的强弱程度，包含"3（高灵敏度）""2（标准）""1（低灵敏度）"3 个选项，数值选项分别代表不同的强度，等级越高，颜色标示越明显，判断为清晰对焦的范围就越大。

通过"峰值对焦辅助加亮显示颜色"选项可以设置在开启轮廓增强功能时，在被摄对象边缘显示标示的色彩，有"红色""黄色""蓝色""白色"4种颜色选项。在拍摄时，需要根据被摄对象的颜色，选择与主体反差较大的色彩。

尼康Z8相机设定步骤

❶ 进入**自定义设定**菜单，点击**a对焦**中的**a13 峰值对焦辅助**选项

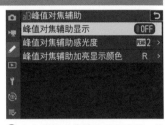

❷ 点击**峰值对焦辅助显示**选项，使其处于ON开启状态

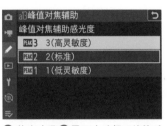

❸ 若在步骤❷界面中选择了**峰值对焦辅助感光度**选项，在此界面中选择所需的选项

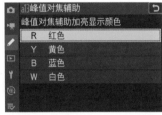

❹ 若在步骤❷界面中选择了**峰值对焦辅助加亮显示颜色**选项，在此界面中选择所需颜色

提示：在拍摄时，需要根据被摄对象的颜色，选择与主体反差较大的色彩。例如，在拍摄高调对象时，由于大面积为亮色调，所以不适合选择"白色"选项，而应该选择与被摄对象的颜色反差较大的红色。这个功能在上一代版本中称为"轮廓增强显示"。

○ 尼康 Z8 相机峰值色彩显示为蓝色的效果

○ 在这张照片中，画面颜色以白色和蓝色居多，因此在拍摄时可以选择黄色或红色的轮廓颜色，以直观地查看对焦情况

设置焦距变化拍摄

在拍摄静物商品，如淘宝商品时，一般需要画面内容全部清晰，但有时即使缩小光圈，也不能保证画面中每个部分的清晰度都一样。此时，可以使用全景深的方法拍摄，然后通过后期处理得到画面全部清晰的照片。

全景深是指画面的每一处都是清晰的，要想得到全景深照片，需要先拍摄多张针对不同位置对焦的照片，然后再利用后期软件进行合成。

以前拍摄不同位置对焦的素材照片时需要手动调整，操作上较为烦琐，而在尼康微单相机中（如尼康Z8相机）提供了方便实用的功能——焦距变化拍摄。该功能可以拍摄用于全景深合成的一组素材照片。利用"焦距变化拍摄"菜单，用户可以事先提前设置好拍摄张数、焦距步长、到下一次拍摄的间隔等参数，使相机自动拍摄得到一组对焦位置不同的照片，省去了人工调整对焦点的操作。

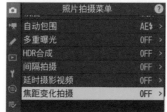

❶ 在**照片拍摄菜单**中点击选择**焦距变化拍摄**选项

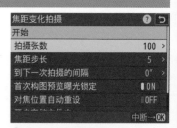

❷ 点击选择**拍摄张数**选项

❸ 点击▲和▼图标可以在1~300张之间选择所需的拍摄张数，然后点击OK确定图标确认

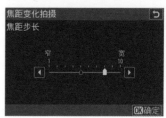

❹ 如果在步骤❷中选择了**焦距步长**选项，点击◀和▶图标选择每次拍摄中对焦距离改变的量，然后点击OK确定图标确认

❺ 如果在步骤❷中选择了**到下一次拍摄的间隔**选项，点击选择一个间隔时间，然后点击OK确定图标确认

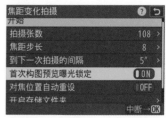

❻ 如果在步骤❷中选择了**首次构图预览曝光锁定**选项，点击使其处于ON开启状态

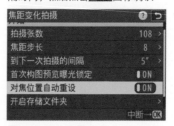

❼ 如果在步骤❷中选择了**对焦位置自动重设**选项，点击使其处于ON开启状态

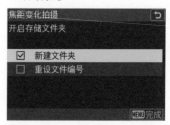

❽ 如果在步骤❷中选择了**开启存储文件夹**选项，点击勾选所需的选项，然后点击MENU完成图标确认。所有设定完成后，返回步骤❷界面，点击**开始**选项即可开始拍摄

■ 开始：选择此选项可以开始拍摄。相机将拍摄所选张数的照片，并在每次拍摄中以所选的焦距步长改变对焦距离。

■ 拍摄张数：可以选择拍摄张数，最高可达到约300张，根据所拍画面的复杂程度选择合适的拍摄张数即可。

■ 焦距步长：选择每次拍摄过程中对焦距离改变的量。点击◀图标向窄端移动游标，可以缩小焦距步长，点击▶图标向宽端移动游标，可以增加焦距步长。如果使用短焦距的镜头拍摄微距画面，可以选择较小的焦距步长并增加拍摄张数。

■ 到下一次拍摄的间隔：点击▲或▼图标选择拍摄间隔时间，可以在00～30秒范围内选择。选择"00"可以约5张/秒的速度拍摄照片。如果使用闪光灯拍摄，则需要选择足够长的间隔时间以供闪光灯充电。

■ 首次构图预览曝光锁定：若选择"ON"选项，相机会将所有图像的曝光锁定为拍摄第一张照片时的设定；若选择"OFF"选项，则相机在每次拍摄前调整画面曝光。

■ 对焦位置自动重设：选择"ON"选项，当拍摄完当前序列中的所有照片时，对焦就会返回至开始位置。当连续多次以相同的对焦距离进行拍摄时，选择此选项无须每次都重新对焦。选择"OFF"选项，对焦将保持固定在序列中最后一次拍摄的位置。

■ 开启存储文件夹：选择"新建文件夹"选项，可以为每组照片新创建一个存储文件夹。选择"重设文件编号"选项，则可在新建一个文件夹时，将文件编号重设为0001。

○ 商品图一般要求全部清晰，利用焦距变化拍摄功能拍摄得到一组照片，可以后期合成出一张全清晰的照片

第 2 章

决定照片品质的曝光、
对焦、景深及白平衡

曝光三要素：控制曝光量的光圈

认识光圈及其表现形式

光圈其实就是相机镜头内部的一个组件，它由许多金属薄片组成，金属薄片是活动的，通过改变它的开启程度可以控制进入镜头光线的多少。光圈开启得越大，通光量就越多；光圈开启得越小，通光量就越少。

为了便于理解，可以将光线类比为水流，将光圈类比为水龙头。在同一时间段内，如果希望水流更大，水龙头就要开得更大。换而言之，如果希望有更多的光线通过镜头，就需要使用较大的光圈；反之，如果不希望有更多的光线通过镜头，就需要使用较小的光圈。

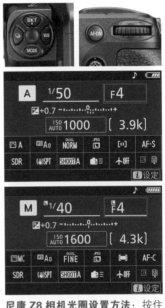

尼康 Z8 相机光圈设置方法：按住 MODE 按钮并旋转主指令拨盘选择光圈优先或手动模式。在光圈优先或手动模式下，转动副指令拨盘可以选择光圈值

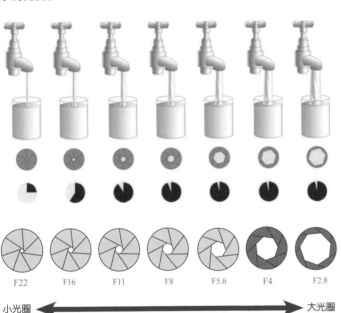

| F22 | F16 | F11 | F8 | F5.6 | F4 | F2.8 |

小光圈 ←——————————→ 大光圈

光圈表示方法	用字母 F 或 f 表示，如 F8 或 f/8
常见的光圈值	F1.4、F2、F2.8、F4、F5.6、F8、F11、F16、F22、F32、F36
变化规律	光圈每递进一挡，光圈口径就缩小一挡，通光量也逐挡减半。例如，F5.6 光圈的进光量是 F8 的两倍

光圈值与光圈大小的对应关系

光圈越大，光圈值就越小（如 F1.2、F1.4）；反之，光圈越小，光圈值就越大（如 F18、F32）。初学者往往记不住这个对应关系，其实只要记住光圈值实际上是一个倒数即可。例如，光圈值为 F1.2 表示此时光圈的孔径是 1/1.2。同理，光圈值为 F18 表示此时光圈的孔径是 1/18。很明显，1/1.2>1/18，因此，F1.2 是大光圈，而 F18 是小光圈。

光圈对曝光的影响

在日常拍摄时，一般最先调整的曝光参数是光圈。在其他参数不变的情况下，光圈增大一挡，则曝光量提高一倍。例如，光圈从 F4 增大至 F2.8，即可增加一倍的曝光量；反之，光圈减小一挡，则曝光量也随之降低一半。换句话说，光圈开启得越大，通光量就越多，拍摄出来的照片画面越明亮；光圈开启得越小，通光量就越少，拍摄出来的画面也越暗淡。

100mm F3.2 1/30s ISO400

100mm F4 1/30s ISO400

100mm F5 1/30s ISO400

100mm F5.6 1/30s ISO400

○ 光圈对曝光的影响示例图

从这组照片可以看出，当光圈从 F3.2 逐级缩小至 F5.6 时，由于通光量逐渐降低，拍摄出来的画面也逐渐变暗。

曝光三要素：控制相机感光时间的快门速度

快门与快门速度的含义

　　欣赏摄影师的作品，可以看到飞翔的鸟儿、跳跃在空中的人物、车流的轨迹、丝一般的流水这类画面，这些具有动感的场景都是优先控制快门速度的结果。

　　那么，什么是快门速度呢？简单地说，快门的作用就是控制曝光时间的长短。在按动快门按钮时，快门从前帘开始移动到后帘结束所用的时间就是快门速度，这段时间实际上也是电子感光元件的曝光时间。所以，快门速度决定了曝光时间的长短，快门速度越快，则曝光时间就越短，曝光量也越少；快门速度越慢，则曝光时间就越长，曝光量也越多。

○ 快门结构

400mm F6.3 1/500s ISO400

○ 用高速快门将出水起飞的鸟儿定格，拍摄出很有动感效果的画面

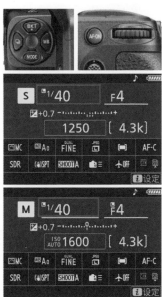

尼康 Z8 相机快门速度设置方法：按住 MODE 按钮并旋转主指令拨盘选择快门优先或手动模式。在快门优先或手动模式下，转动主指令拨盘可以选择快门速度

快门速度的表示方法

快门速度以秒为单位，低端入门级数码微单相机的快门速度范围通常为 1/4000～30s，而中、高端微单相机的最高快门速度可达 1/8000s，几乎可以满足所有题材的拍摄要求。

分类	常见快门速度	适用范围
低速快门	30s、15s、8s、4s、2s、1s	在拍摄夕阳及天空仅有少量微光的日出、日落前后时，都可以使用光圈优先曝光模式或手动曝光模式，很多优秀的夕阳作品都诞生于这些快门速度下。使用 1～5s 的快门速度，也能够将瀑布或溪流拍摄出如同棉絮一般的梦幻效果，10～30s 的快门速度可以用于拍摄光绘、车流、银河等题材
	1s、1/2s	适合在昏暗的光线下，使用较小的光圈获得足够的景深，通常用于拍摄稳定的对象，如建筑、城市夜景等
	1/4s、1/8s、1/15s	1/4s 的快门速度可以作为拍摄成人夜景人像的最低快门速度。这些快门速度也适合拍摄一些光线较强的夜景，如明亮的步行街和光线较好的室内
中速快门	1/30s	在使用标准镜头或广角镜头拍摄时，可以将该快门速度视为最慢的快门速度，但在使用标准镜头拍摄时，对手持相机的平稳性有较高的要求
	1/60s	对于标准镜头，该快门速度可以保证进行各种场合的拍摄
	1/125s	这一挡快门速度非常适合在户外阳光明媚时使用，同时也能够拍摄运动幅度较小的物体，如走动中的人
	1/250s	适合拍摄中等运动速度的对象，例如游泳运动员、跑步中的人或棒球活动等
高速快门	1/500s	该快门速度已经可以抓拍一些运动速度较快的对象，如行驶的汽车、跑动中的运动员、奔跑中的马等
	1/1000s、1/2000s、1/4000s、1/8000s	该快门速度区间已经可以用于拍摄一些极速运动对象，如赛车、飞机、足球运动员、飞鸟及飞溅的水花等

8mm F14 10s ISO200

○ 像这种城市上空烟花绽放的场景，一般都是使用低速快门拍摄的

快门速度对曝光的影响

如前面所述，快门速度的快慢决定了曝光量的多少。具体而言，在其他条件不变的情况下，每一倍的快门速度变化，都会导致一倍曝光量的变化。例如，当快门速度由 1/125s 变为 1/60s 时，由于快门速度慢了一半，曝光时间增加了一倍，因此，总的曝光量也随之增加了一倍。

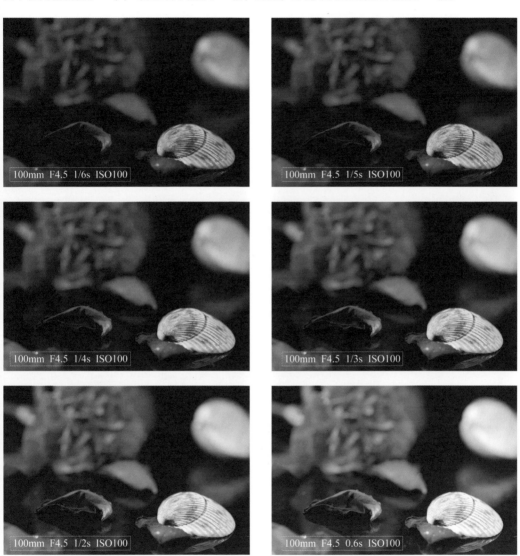

○ 快门速度对曝光的影响示例图

通过这组照片可以看出，在其他曝光参数不变的情况下，当快门速度逐渐变慢时，由于曝光时间变长，因此拍摄出来的照片画面也逐渐变亮。

快门速度对画面动感效果的影响

快门速度不仅影响进光量，还会影响画面的动感效果。当表现静止的景物时，快门速度的快慢对画面不会产生什么影响，除非摄影师在拍摄时有意摆动镜头。但在表现动态的景物时，不同的快门速度能够营造出不一样的画面效果。下面一组示例照片是在焦距、感光度都不变的情况下，分别将快门速度依次调慢所拍摄的效果。

对比下面这一组照片，可以看到当快门速度较快时，水流被定格成为清晰的水珠；当快门速度逐渐降低时，水流在画面中渐渐被"拉长"为运动线条。

○ 快门速度对画面动感效果的影响示例图

拍摄效果	快门速度设置	说明	适用拍摄场景
凝固运动对象的精彩瞬间	使用高速快门	拍摄对象的运动速度越高，采用的快门速度也要越高	运动中的人物、奔跑的动物、飞鸟、瀑布
运动对象的动态模糊效果	使用低速快门	使用的快门速度越低，所形成的动感线条越柔和	流水、夜间的车灯轨迹、风中摇摆的植物、流动的人群

曝光三要素：控制相机感光灵敏度的感光度

理解感光度

在调整曝光时，作为曝光三要素之一的感光度通常是最后一项。感光度是指相机的感光元件（即图像传感器）对光线的感光敏锐程度，即在相同条件下，感光度越高，获得光线的数量也就越多。需要注意的是，感光度越高，产生的噪点就越多，而以低感光度拍摄的画面则清晰、细腻，对细节的表现较好。在光线充足的情况下，一般使用ISO100 即可。

尼康 Z8 相机感光度设置方法：按住 ISO 按钮并旋转主指令拨盘，即可调节 ISO 感光度。也可以直接点击屏幕中红框所在的 ISO 图标来设定具体数值

85mm F2 1/500s ISO100

❍ 在光线充足的环境下拍摄人像时，使用 ISO100 的感光度可以保证画面的细腻感

感光度对曝光结果的影响

在某些场合拍摄时,如森林中、光线较暗的博物馆内等,光圈与快门速度已经没有调整的空间了,并且无法开启闪光灯补光,便只剩下提高感光度一种选择。

在其他条件不变的情况下,感光度每增加一挡,感光元件对光线的敏锐度就会随之增加一倍,即曝光量增加一倍;反之,感光度每减少一挡,曝光量则减少一半。

固定的曝光组合	想要进行的操作	方法	示例说明
F2.8、1/200s、ISO400	改变快门速度并使光圈值保持不变	提高或降低感光度	例如,快门速度提高一倍(变为 1/400s),则可以将感光度提高一倍(变为 ISO800)
F2.8、1/200s、ISO400	改变光圈值并保证快门速度不变	提高或降低感光度	例如,增加两挡光圈(变为 F1.4),则可以将 ISO 感光度降低两挡(变为 ISO100)

下面是一组保持焦距为 50mm、光圈为 F3.2、快门速度为 1/20s 不变,只改变感光度拍摄的照片。

50mm F3.2 1/20s ISO100

50mm F3.2 1/20s ISO125

50mm F3.2 1/20s ISO200

50mm F3.2 1/20s ISO320

○ 感光度对曝光结果的影响示例图

这组照片是在 M 挡手动曝光模式下拍摄的,在光圈、快门速度不变的情况下,随着 ISO 感光度的提高,由于感光元件的感光敏锐度越来越高,因此画面变得越来越亮。

感光度与画质的关系

对大部分微单相机而言,当使用 ISO1600 以下的感光度拍摄时,均能获得优秀的画质;当使用 ISO3200 ～ ISO6400 拍摄时,虽然画质要比使用低感光度时略有降低,但是依旧很优秀。

从实用角度来看,在光照较充分的情况下,使用 ISO1600 和 ISO3200 拍摄的照片细节较完整,色彩较生动,但如果以 100% 的比例进行查看,还是能够在照片中看到一些噪点,而且光线越弱,噪点越明显。因此,如果不是对画质有特别要求,这个区间的感光度仍然属于能够使用的范围。但是,对一些对画质要求较为苛刻的用户来说,ISO1600 是尼康相机能保证较好画质的最高感光度。

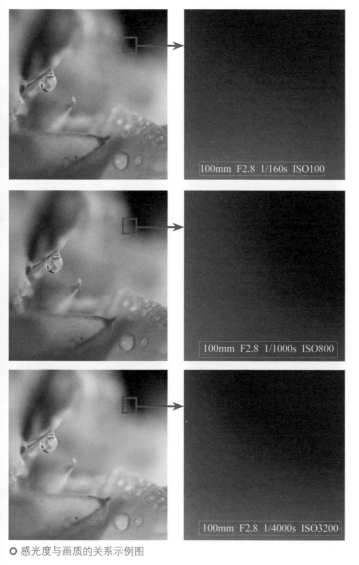

100mm F2.8 1/160s ISO100

100mm F2.8 1/1000s ISO800

100mm F2.8 1/4000s ISO3200

从这组照片可以看出,在光圈优先曝光模式下,当 ISO 感光度发生变化时,快门速度也发生了变化,因此,照片的整体曝光量并没有变化。但仔细观察细节可以看出,照片的画质随着 ISO 值的增大而逐渐变差。

○ 感光度与画质的关系示例图

感光度的设置原则

除了需要高速抓拍或不能给画面补光的特殊场合，以及只能通过提高感光度来拍摄的情况，不建议使用过高的感光度。感光度除了会对曝光产生影响，对画质也有极大的影响，这一点即使是全画幅相机也不例外。感光度越低，画质越好；反之，感光度越高，越容易产生噪点、杂色，画质就越差。

在条件允许的情况下，建议采用相机基础感光度中的最低值，一般为 ISO100，这样可以最大限度地保证得到较高的画质。

需要特别指出的是，分别在光线充足与不足的情况下拍摄，即使设置相同的 ISO 感光度，在光线不足时拍出的照片也会产生更多的噪点。如果此时再使用较长的曝光时间，那么就更容易产生噪点。因此，当在弱光环境中拍摄时，需要根据拍摄需求灵活设置感光度，并配合高感光度降噪和长时间曝光降噪功能来获得较高的画质。

感光度设置	对画面的影响	补救措施
光线不足时设置低感光度	会导致快门速度过低，在手持拍摄时容易因为手的抖动而导致画面模糊	无法补救
光线不足时设置高感光度	会获得较高的快门速度，不容易造成画面模糊，但是画面噪点增多	可以用后期处理软件降噪

24mm F5 1/60s ISO800

O 在手持相机拍摄建筑的精美内饰时，由于光线较弱，因此需要提高感光度

通过曝光补偿快速控制画面的明暗

曝光补偿的概念

相机的测光原理是基于 18% 中性灰建立的，数码微单相机的测光主要是由场景中物体的平均反光率决定的，除了反光率比较高的场景（如雪景、云景）及反光率比较低的场景（如煤矿、夜景），其他大部分场景的平均反光率都在 18% 左右，而这一数值正是灰度为 18% 的物体的反光率。

因此，可以简单地将测光原理理解为：当拍摄场景中被摄物体的反光率接近 18% 时，相机就会做出正确的测光。所以，当在一些极端环境中拍摄时，如较亮的白雪场景或较暗的弱光环境中，相机的测光结果就是错误的，此时就需要摄影师通过调整曝光补偿来得到正确的曝光结果，如下图所示。

尼康 Z8 相机曝光补偿设置方法：按住❷按钮，同时转动主指令拨盘，即可调整曝光补偿

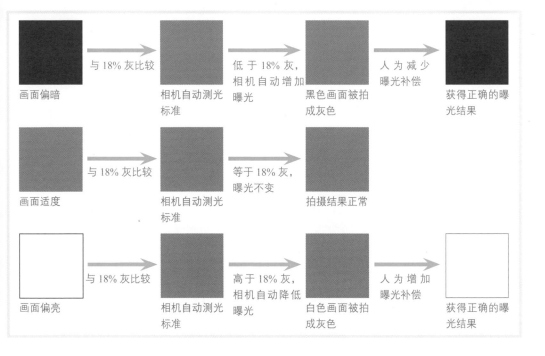

通过调整曝光补偿，可以改变照片的曝光效果，从而使拍摄出来的照片传达出摄影师的表现意图。例如，通过增加曝光补偿，照片轻微曝光过度，可以得到柔和的色彩与浅淡的阴影，使照片有轻快、明亮的效果；通过减少曝光补偿，可以使照片变得阴暗。

在拍摄时，是否能够主动运用曝光补偿技术，是判断一位摄影师是否真正理解了摄影光影奥秘的标准之一。

判断曝光补偿的方向

了解了曝光补偿的概念,在拍摄时应该如何应用呢?曝光补偿分为正向与负向,即增加与减少曝光补偿,针对不同的拍摄题材,在拍摄时一般可使用"找准中间灰,白加黑就减"的口诀来判断是增加还是减少曝光补偿。

需要注意的是,"白加"中提到的"白"并不是指单纯的白色,而是泛指一切看上去比较亮的、颜色比较浅的景物,如雪、雾、白云、浅色的墙体、亮黄色的衣服等;同理,"黑减"中提到的"黑",也并不是单指黑色,而是泛指一切看上去比较暗的、颜色比较深的景物,如夜景、深蓝色的衣服、阴暗的树林、黑胡桃色的木器等。

因此,在拍摄时,如果遇到的是"白色"场景,就应该做正向曝光补偿;如果遇到的是"黑色"场景,就应该做负向曝光补偿。

○ 应根据拍摄题材的特点进行曝光补偿,以得到合适的画面效果

降低曝光补偿还原纯黑

当拍摄主体位于黑色背景前时，按相机默认的测光结果拍摄，黑色的背景往往会显得有些灰旧。为了得到纯黑的背景，需要使用曝光补偿功能来适当减少曝光量，以此得到想要的效果（具体曝光补偿的数值要视暗调背景的面积而定，面积越大，曝光补偿的数值也应越大）。

105mm F5.6 1/160s ISO100

○ 在拍摄时减少了 0.3 挡曝光补偿，从而获得了纯色的背景，使花朵在画面中显得更加突出

增加曝光补偿还原白色雪景

很多摄影初学者在拍摄雪景时，往往会把白色拍摄成灰色，主要原因就是在拍摄时没有设置曝光补偿。

由于雪对光线的反射十分强烈，因此会导致相机的测光结果出现较大的偏差。而如果能在拍摄前增加一挡左右的曝光补偿（具体曝光补偿的数值要视雪景的面积而定，雪景面积越大，曝光补偿的数值也应越大），就可以拍摄出美丽、洁白的雪景。

40mm F7.1 1/200s ISO200

○ 在拍摄时增加 1 挡曝光补偿，使雪的颜色显得更加洁白无瑕

正确理解曝光补偿

许多摄影初学者在刚接触曝光补偿时，以为使用曝光补偿可以在曝光参数不变的情况下，提亮或加暗画面，这种认识是错误的。

实际上，曝光补偿是通过改变光圈与快门速度来提亮或加暗画面的。即在光圈优先模式下，如果增加曝光补偿，相机实际上是通过降低快门速度来实现的；反之，如果减少曝光补偿，则是通过提高快门速度来实现的。在快门优先模式下，如果增加曝光补偿，相机实际上是通过增大光圈来实现的（直至达到镜头的最大光圈）。因此，当光圈值达到镜头的最大光圈时，曝光补偿就不再起作用；反之，如果减少曝光补偿，则是通过缩小光圈来实现的。

下面通过两组照片及相应的拍摄参数来佐证这一点。

50mm F1.4 1/10s ISO100 +1.3EV　　50mm F1.4 1/25s ISO100 +0.7EV　　50mm F1.4 1/25s ISO100 0EV　　50mm F1.4 1/25s ISO100 −0.7EV

○ 光圈优先模式下改变曝光补偿示例图

从上面展示的4张照片可以看出，在光圈优先模式下，改变曝光补偿，实际上改变了快门速度。

 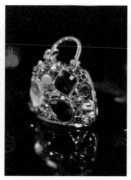 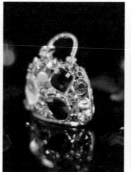 

50mm F2.5 1/50s ISO100 −1.3EV　　50mm F2.2 1/50s ISO100 −1EV　　50mm F1.4 1/50s ISO100 +1EV　　50mm F1.2 1/50s ISO100 +1.7EV

○ 快门优先模式下改变曝光补偿示例图

从上面展示的4张照片可以看出，在快门优先模式下，改变曝光补偿，实际上改变了光圈大小。

针对不同场景选择不同的测光模式

当一批摄影爱好者结伴外拍时，发现在拍摄同一个场景时，有些人拍摄出来的画面曝光不一样，产生这种情况的原因就在于他可能使用了不同的测光模式，不管是单反相机还是微单相机，基本上都提供了4种测光模式，分别适用于不同的拍摄环境。尼康微单相机设置测光模式的操作方法如下。

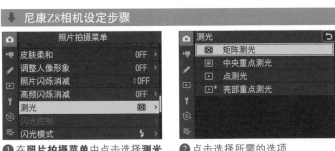

❶ 在**照片拍摄菜单**中点击选择**测光**选项 　　❷ 点击选择所需的选项

矩阵测光

如果摄影爱好者是在光线均匀的环境中拍摄大场景的风光照片，如草原、山景、水景、城市建筑等题材，都应该首选矩阵测光模式。因为大场景风光照片通常需要考虑整体的光照，这恰好是矩阵测光的特色。

在该模式下，相机会将画面分为多个区域进行平均测光，此模式最适合拍摄日常及风光题材的照片。当然，如果拍摄雪、雾、云、夜景等这类反光率较高的场景，还需要配合使用曝光补偿技巧。

17mm F18 5s ISO100

○ 色彩柔和、反差较小的风光照片，常用矩阵测光模式

中央重点测光

在拍摄环境人像时，如果还是使用矩阵测光模式，会发现虽然环境曝光合适，但人物的肤色有时候却存在偏亮或偏暗的情况。这种情况下，其实最适合使用中央重点测光模式。

中央重点测光模式适合拍摄主体位于画面中央主要位置的场景，如人像、建筑物、背景较亮的逆光对象，以及其他位于画面中央的对象。这是因为该模式既能实现画面中央区域的精准曝光，又能保留部分背景的细节。

在中央重点测光模式下，测光会偏向取景器的中央部位，但也会同时兼顾其他部位的亮度。越靠近取景器中心的区域在测光时所占的权重越大；越靠边缘的图像在测光时所占的权重越小。

例如，相机在测光后认为，画面中央位置对象的正确曝光组合是 F8、1/320s，而其他区域的正确曝光组合是 F4、1/200s，但由于中央位置对象的测光权重较大，最终相机确定的曝光组合可能是 F5.6、1/320s，以优先照顾中央位置对象的曝光。

85mm F2 1/1000s ISO100

○ 拍摄人物在画面中间位置的照片，最适合使用中央重点测光模式

亮部重点测光

在尼康微单相机的亮部重点测光模式下，相机将针对亮部进行重点测光，优先保证被摄对象的亮部曝光是正确的，在拍摄如舞台上聚光灯下的演员、直射光线下浅色的对象时，使用这种测光模式能够获得很好的曝光效果。

不过需要注意的是，如果画面中的拍摄主体不是最亮的区域，则被摄主体的曝光可能会偏暗。

35mm F5 1/160s ISO200

○ 使用亮部重点测光模式可以保证明亮的部分有丰富的细节

点测光

不管是夕阳下的景物呈现为剪影的画面效果，还是皮肤白皙背景曝光过度的高调人像，都可以利用点测光模式来实现。

点测光是一种高级测光模式，由于相机只对对焦点周围的很小部分（约 1.5% 的小区域）进行测光，因此具有相当高的准确性。

由于点测光是依据很小的测光点来计算曝光量的，因此测光点位置的选择将会在很大程度上影响画面的曝光效果，尤其是逆光拍摄或画面明暗反差较大时。

如果对准亮部测光，则可得到亮部曝光合适、暗部细节有所损失的画面；如果对准暗部测光，则可得到暗部曝光合适、亮部细节有所损失的画面。所以，拍摄时可根据自己的拍摄意图来选择不同的测光点，以得到曝光合适的画面。

100mm F7.1 1/2000s ISO200

○ 用点测光模式针对天空进行测光，得到夕阳氛围强烈的照片

利用曝光锁定功能锁定曝光值

利用曝光锁定功能可以在测光期间锁定曝光值。此功能的作用是允许摄影师针对某一个特定区域进行对焦，而对另一个区域进行测光，从而拍摄出曝光正常的照片。

使用曝光锁定功能的方便之处在于，即使松开半按快门的手，重新进行对焦、构图，只要按住曝光锁定按钮，那么相机还是会以刚才锁定的曝光参数进行曝光。

下面以尼康Z8相机为例，讲解曝光锁定的具体操作方法。

（1）对选定区域进行测光，如果该区域在画面中所占的比例很小，则应靠近被摄物体，使其充满显示屏的中央区域。

（2）半按快门，此时在显示屏中会显示一组光圈和快门速度组合数据。

（3）释放快门，按下曝光锁定按钮，这时相机上会显示 AE-L 指示标记，表示此时的曝光已被锁定。

（4）重新取景构图、对焦，完全按下快门即可完成拍摄。

在默认设置下，只有保持按下副选择器中央才锁定曝光，在重新构图时有时候显得不方便。此时可以在"自定义控制（拍摄）"功能菜单中，将副选择器中央按钮或其他按钮的功能指定为"AE锁定（保持）"或"AE锁定（快门释放时解除）"选项。这样就可以按下副选择器中央或指定按钮以锁定曝光，当再次按下副选择器中央、指定按钮或快门释放时即解除锁定曝光，让摄影师可以灵活、方便地改变焦距构图或切换对焦点的位置。

○ 尼康 Z8 相机按下相机背面的副选择器中央即可锁定曝光

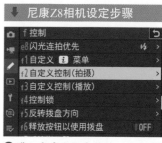

❶ 进入**自定义设定**菜单，点击**f控制**中的**f2 自定义控制（拍摄）**选项

❷ 点击选择一个按钮选项，此处以选择Fn1按钮为例

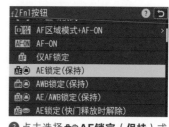

❸ 点击选择**AE锁定（保持）**或**AE锁定（快门释放时解除）**选项

135mm F4 1/400s ISO100

○ 先对人物的面部进行测光，锁定曝光并重新构图后再进行拍摄，从而保证面部获得正确的曝光

利用自动包围曝光功能提高拍摄成功率

　　包围曝光是指通过设置一定的曝光变化范围，然后分别拍摄曝光不足、曝光正常与曝光过度 3 张照片的拍摄技法。例如，将其设置为 ±1EV 时，即代表分别拍摄减少 1 挡曝光、正常曝光和增加 1 挡曝光的照片，从而兼顾画面的高光、中间调及暗部区域的细节。尼康微单相机支持在 ±3EV 之间以 1/3EV 为单位调节包围曝光。

什么情况下应该使用包围曝光

　　如果拍摄现场的光线很难把握，或者拍摄的时间很短暂，为了避免曝光不准确而失去这次难得的拍摄机会，可以使用包围曝光功能来确保万无一失。此时可以设置包围曝光，使相机针对同一场景连续拍摄出 3 张曝光量略有差异的照片。每一张照片的曝光量具体相差多少，可由摄影师自己确定。在具体拍摄过程中，摄影师无须调整曝光量，相机将根据设置自动在第一张照片的基础上增加、减少一定的曝光量拍摄出另外两张照片。

　　按此方法拍摄出来的 3 张照片中，总会有一张是曝光相对准确的照片，因此使用包围曝光能够提高拍摄的成功率。

○ 在不确定要增加曝光还是减少曝光的情况下，可以设置 ±0.3EV 的包围曝光，连续拍摄得到 3 张曝光量分别为 +0.3EV、−0.3EV、0EV 的照片。其中，−0.3EV 的效果明显更好一些，在细节和曝光方面获得了较好的平衡

包围曝光功能及参数设置

使用尼康微单相机可以实现自动曝光包围、白平衡包围、闪光包围及动态D-Lighting包围，这些包围功能可以通过"自动包围设定"菜单来控制。

当选择完包围功能后，通过"拍摄张数"和"增量"选项，可以设置拍摄数量和包围增量。以最常用的自动曝光包围为例，当将其"拍摄张数"设置为3F、"增量"设置为1.0时，即分别拍摄减少一挡曝光、正常曝光和增加一挡曝光的3张照片。如果要取消包围曝光功能，将"拍摄张数"选项设置为0即可。

尼康Z8相机设定步骤

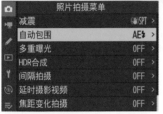

❶ 在**照片拍摄菜单**中点击选择**自动包围**选项

❷ 点击选择**自动包围设定**选项

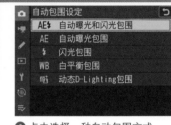

❸ 点击选择一种自动包围方式

❹ 若在步骤❷中选择了**拍摄张数**选项，点击◀和▶图标选择张数

❺ 若在步骤❷中选择了**增量**选项，点击◀和▶图标选择增量选项，设置完毕后，点击 OK确定 图标确认

为合成HDR照片拍摄素材

对于风光、建筑等题材，可以使用包围曝光功能拍摄出不同曝光结果的照片，然后进行 HDR 合成，从而得到高光、中间调及暗调都具有丰富细节的照片。

○ 在拍摄 3 张照片时都增加了 0.3 挡的曝光补偿，并在此基础上设置了±0.7EV 的包围曝光，因此拍摄得到的 3 张照片分别为 −0.4EV、+0.3EV、+1.0EV 的效果

白平衡与色温的概念

摄影爱好者将自己拍摄的照片与专业摄影师的照片做对比后，往往会发现除了构图、用光有差距，通常色彩也没有专业摄影还原得精准。原因很简单，因为专业摄影师在拍摄时对白平衡进行了精确设置。

尼康 Z8 相机白平衡设置方法：按住 WB 按钮并旋转主指令拨盘，即可选择不同的白平衡模式。选择自动、荧光灯等白平衡模式时，同时转动副指令拨盘，可以选择子选项

什么是白平衡

简单地说，白平衡就是由相机提供的，确保摄影师在不同的光照环境下拍摄时，均能真实地还原景物的颜色。

无论是在室外的阳光下，还是在室内的白炽灯下，人的固有观念会将白色的物体视为白色，将红色的物体视为红色。之所以有这种感觉，是因为人的眼睛能够修正光源变化造成的色偏。

实际上，当光源改变时，这些光的颜色也会发生变化，相机会精确地将这些变化记录在照片中，这样的照片在校正之前看上去是偏色的，但其实这才是物体在当前环境下的真实色彩。相机具备的白平衡功能可以校正不同光源下的色偏，就像人眼一样，使偏色的照片得以纠正。例如，在晴天拍摄时，拍摄出来的画面整体会偏向蓝色调，而眼睛所看到的画面并不偏蓝，此时，就可以将白平衡模式设置为"晴天"模式，使画面中的蓝色减少，还原出景物本来的色彩。

200mm F10 1/800s ISO1250

○ 将白平衡设置为阴影模式，使落日的氛围感更强

什么是色温

在摄影领域，色温用于说明光源的成分，单位用"K"表示。例如，日出日落时，光的颜色为橙红色，这时色温较低，大约为3200K；太阳升高后，光的颜色为白色，这时色温高，大约为5400K；阴天的色温还要高一些，大约为6000K。色温值越大，则光源中所含的蓝色光越多；反之，色温值越小，光源中所含的红色光越多。

低色温的光趋于红、黄色调，其能量分布中红色调较多，因此通常又被称为"暖光"；高色温的光趋于蓝色调，其能量分布较集中，也被称为"冷光"。通常在日落之时，光线的色温较低，因此拍摄出来的画面偏暖，适合表现夕阳静谧、温馨的感觉。为了加强这种画面效果，可以使用暖色滤镜，或者将白平衡设置成阴天模式。晴天、中午时分的光线色温较高，拍摄出来的画面偏冷，通常这时空气的能见度也较高，可以很好地表现大景深的场景。另外，冷色调的画面可以很好地表现出清冷的感觉，以开阔视野。

下面的图例展示了不同光源对应的色温值范围，即当处于不同的色温范围时，所拍摄出来的照片的色彩倾向。

通过示例图可以看出，相机中的色温与实际光源的色温是相反的，这便是白平衡的工作原理，通过对应的补色来进行补偿。

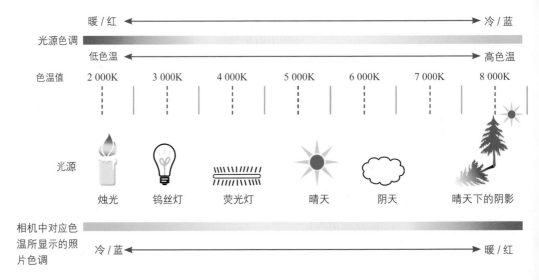

色温对照片色彩的影响

了解色温并理解色温与光源之间的联系，使摄影爱好者可以通过在相机中改变预设白平衡模式、自定义设置色温（K）值，来获得色调不同的照片。

通常情况下，当自定义设置的色温和光源色温一致时，能获得准确的色彩还原效果；如果设置的色温高于拍摄时现场光源的色温，则照片的颜色会向暖色偏移；如果设置的色温低于拍摄时现场光源的色温，则照片的颜色会向冷色偏移。

这种通过手动调节色温获得不同色彩倾向或使画面偏某色调的手法，在摄影中经常使用。

预设白平衡的含义与典型应用

不管是尼康哪一款微单相机，都提供了多种预设白平衡，它们分别针对一些常见的典型环境，通过选择这些预设的白平衡可以快速获得需要的色彩。

通常情况下，使用自动白平衡就可以得到较好的色彩还原，但这不是万能的。例如，在室内灯光或多云的天气下，拍摄的画面会出现还原不正常的情况。此时就要针对不同的光线环境还原色彩，如白炽灯、荧光灯和阴天等。但如果不确定应该使用哪一种白平衡，最好选择自动白平衡模式。

下表为尼康微单相机的预设白平衡模式讲解及图像效果。

当在晴天的阴影中拍摄时，由于色温较高，使用背阴白平衡模式可以获得较好的色彩还原。背阴白平衡可以营造出比阴天白平衡更浓郁的暖色调，常被应用于日落题材	在相同的现有光源下，阴天白平衡可以营造出一种较浓郁的红色暖色调，给人温暖的感觉，适用于云层较厚的天气，或者在阴天、黎明、黄昏等环境中拍摄时使用	闪光灯白平衡主要用于平衡使用闪光灯时的色温，较为接近阴天时的色温。需要注意的是，不同的闪光灯，其色温值也不尽相同，因此需要通过实拍测试才能确定色彩还原是否准确

在空气较为通透或天空有少量薄云的晴天拍摄时，一般只要将白平衡设置为晴天白平衡，就能获得较好的色彩还原。但如果是在正午时分，又或者在日出前、日落后拍摄，则不适用此白平衡	使用荧光灯白平衡模式可以营造出偏蓝的冷色调，不同的是，荧光灯白平衡的色温比白炽灯白平衡的色温更接近现有光源色温，所以显示出的色彩相对接近原色彩	白炽灯白平衡模式适用于拍摄宴会、婚礼、舞台表演等，由于色温较低，因此可以得到较好的色彩还原。而拍摄其他场景会使画面色调偏蓝，严重影响色彩还原

手调色温让画面色彩更符合理想效果

手调色温是指根据拍摄环境的特点，手动调整相机白平衡的色温，当选择预设白平衡不能够满足还原现场真实光照效果时，除了可以使用自定义白平衡方法外，如果对色温较为熟悉，也可通过手调色温的方法来选择精确的色温值，以准确地还原拍摄现场的光照效果。尼康微单相机提供了 2500 ~ 10000K 的调整范围，用户可以根据实际色温进行精确的调整。

例如，在预设白平衡中不可能选择代表色温 4170K 或 3230K 的白平衡，而使用手调色温即可轻松地调整出这样的色温值。

❶ 在**照片拍摄菜单**中点击选择**白平衡**选项，然后点击**选择色温**选项

❷ 点击选择数字框，按▲或▼方向键可以更改色温值

50mm F3.2 1/250s ISO200

○ 通过设置色温，使画面呈现为蓝色调

对焦及对焦点的概念

什么是对焦

准确对焦是成功拍摄的重要前提之一。准确对焦可以将主体在画面中清晰地呈现出来；反之，则容易出现画面模糊的问题，也就是所谓的"失焦"。

一个完整的拍摄过程如下所述。

首先，选定光线与被摄主体。

其次，通过操作将对焦点移至被拍摄主体上需要合焦的位置。例如，在拍摄人像时通常以眼睛作为合焦位置。

再次，对被摄主体进行构图操作。

最后，半按快门启动相机的对焦、测光系统，再完全按下快门结束拍摄操作。

在这个过程中，对焦操作起到确保照片画面清晰的作用。

什么是对焦点

相信摄影爱好者在购买相机时，都会详细查看所选相机的性能参数，其中包括该相机的自动对焦点数量。

那么，什么是自动对焦点呢？

从被摄对象的角度来说，对焦点就是相机在拍摄时合焦的位置。例如，在拍摄花卉时，如果将对焦点选在花蕊上，则最终拍摄出来的花蕊部分就是最清晰的。

从相机的角度来说，对焦点是在液晶屏上显示的数个方框，在拍摄时摄影师需要使相机的对焦框与被摄对象的对焦点准确合一，以指导相机应该对哪一部分进行合焦。

100mm F4.5 1/1000s ISO200

○ 将对焦点放置在蝴蝶的头部，并使用大光圈拍摄，得到了背景虚化而蝴蝶清晰的照片

根据拍摄题材选用自动对焦模式

如果说了解测光可以帮助摄影师正确地还原影调的话，那么选择正确的自动对焦模式，则可以帮助摄影师获得清晰的影像，而这恰恰是拍出好照片的关键环节之一。下面分别介绍各种自动对焦模式的特点及适用场合。

拍摄静止对象选择单次伺服自动对焦（AF-S）

在单次伺服自动对焦模式下，相机在合焦（半按快门时对焦成功）之后即停止自动对焦，此时可以保持快门的半按状态重新调整构图。

单次伺服自动对焦模式是风光摄影中最常用的对焦模式之一，特别适合拍摄静止的对象，如山峦、树木、湖泊、建筑等。当然，在拍摄人像、动物时，如果被摄对象处于静止状态，也可以使用这种对焦模式。

尼康 Z8 相机对焦模式设置方法：按住对焦模式按钮并旋转主指令拨盘选择所需的对焦模式

○ 在拍摄静态对象时，使用单次伺服自动对焦模式完全可以满足拍摄需求

拍摄运动对象选择连续伺服自动对焦（AF-C）

在拍摄运动中的鸟、昆虫、人等对象时，如果摄影爱好者使用单次伺服自动对焦模式，便会发现拍摄的大部分画面都不清晰。对于运动的主体，在拍摄时最适合选择连续伺服自动对焦模式。

在连续自动对焦模式下，当摄影师半按快门合焦后，保持快门的半按状态，相机会在对焦点中自动切换以保持对运动对象的准确合焦状态，如果在这个过程中被摄对象的位置发生了较大变化，只要移动相机使自动对焦点保持覆盖主体，就可以持续进行对焦。

400mm F6.3 1/2000s ISO400

○ 当拍摄飞在空中的鸟儿时，适合使用连续伺服自动对焦模式

根据拍摄对象选用自动对焦区域模式

尼康微单相机有高达数百个自动对焦点，为精确对焦提供了极大的便利。这些自动对焦点被分为多种自动对焦区域模式，如尼康 Z8 相机在拍摄照片模式下，提供了 6 种自动对焦区域模式，摄影师可以选择合适的自动对焦区域模式，以改变对焦点的数量及用于对焦的方式，从而满足不同的拍摄需求。

微点区域AF[口]PIN

在此模式下，摄影师可以使用副选择器或点击屏幕选择自动对焦点，但此模式的对焦区域较小，因此适合进行很小范围内的对焦。如隔着笼子拍摄动物时，可能需要更小的对焦点对笼子里面的动物进行对焦。但也正是由于对焦区域小，因此在手持拍摄或移动对焦时，可能出现无法合焦的问题。

需要注意的是，此对焦区域模式仅在照片拍摄模式且对焦模式为AF-S单次伺服自动对焦模式时可用，而且对焦速度可能比单点区域AF慢。

尼康 Z8 相机对焦模式设置方法：按住对焦模式按钮并旋转副指令拨盘选择所需的自动对焦区域模式

单点区域AF[¤]

在此对焦区域模式下，摄影师可以使用副选择器或点击屏幕选择对焦点，拍摄时相机仅对所选对焦点上的拍摄对象对焦。此对焦区域模式适合拍摄静止的对象，如人像、风光、花卉、静物和建筑等。

动态区域AF（S/M/L）[:¤:]

在此自动对焦区域模式下，相机会对用户所选择的自动对焦点对焦，若拍摄对象暂时偏离所选对焦点，则相机会自动使用周围的对焦点进行对焦。此模式仅在照片拍摄模式且对焦模式为AF-C连续伺服自动对焦模式时可用。

用于对焦的区域尺寸有S（小）、M（中）和L（大），当有时间进行构图或拍摄可预测运动轨迹的拍摄对象，如跑道上的赛跑运动员或赛车时，可以选择S（小）选项；当拍摄不可预测运动轨迹的拍摄对象，如足球场上的运动员时，可以选择M（中）选项；当拍摄对象迅速移动，难以在所选对焦点进行构图，如鸟类时，可以选择L（大）选项。

宽区域AF（S/L/C1/C2）[WIDE-S]

在宽区域对焦区域模式下，相机使用较宽的对焦点对画面进行对焦，同单点自动对焦区域模式一样，由用户选择自动对焦点的位置，然后相机对所选对焦点覆盖的区域对焦。

宽区域AF（S）和宽区域AF（L）之间的区别就是宽区域AF（L）模式的对焦点要大一些。若对焦区域的大小和形状都相当准确的话，可以使用宽区域AF（C1）和宽区域AF（C2）模式。当选择了这两种模式，用户可以按◀或▶方向键选择对焦区域尺寸的宽度，按▲或▼方向键选择对焦区域尺寸的高度。

3D跟踪

在AF-C连续伺服自动对焦模式下，将对焦点定位于拍摄对象上，按下AF-ON按钮或者半按快门释放按钮，对焦就开始跟踪在画面中移动的拍摄对象，并根据需要选择新的对焦点。此自动对焦区域模式用于对从一端到另一端进行不规则运动的拍摄对象（如网球选手）进行迅速构图。若拍摄对象偏离取景器，可松开快门释放按钮，并将拍摄对象置于所选对焦点重新构图。

自动区域AF [■]

在此自动对焦区域模式下，相机将自动侦测拍摄对象并选择对焦点。

70mm F6.3 1/500s ISO100

○ 孩子们跳水的动作很快，适合使用自动对焦区域模式并启用对象跟踪功能拍摄

手选对焦点的必要性

　　不管是拍摄静止的对象还是拍摄运动的对象，并不是说只要选择了相对应的自动对焦模式，便能成功拍摄了。在进行了这些操作之后，还要手动选择对焦点或对焦区域的位置。

　　例如，在拍摄摆姿人像时，需要将对焦点位置选择在人物眼睛处，使人物眼睛炯炯有神。如果拍摄人物处于树叶或花丛的后面，对焦点的位置也很重要，如果对焦点的位置在树叶或花丛中，那么拍摄出来的人物将会模糊，而如果将对焦点位置选择在人物上，那么拍摄出来的照片将是前景虚化的唯美效果。

　　同样，在拍摄运动的对象时，也需要选择对焦区域的位置，因为是从选择的对焦区域开始追踪对焦拍摄对象的。

尼康 Z8 相机手选对焦点操作方法：在拍摄过程中，按▼、▲、◄、►方向键，可以调整自动对焦点的位置

85mm F1.8 1/160s ISO100

○ 采用手选对焦点的方式拍摄，保证了对人物的灵魂——眼睛进行准确对焦

8 种情况下手动对焦比自动对焦更好

虽然大多数情况下，使用自动对焦模式便能成功对焦，但在某些场景，需要手动对焦才能更好地完成拍摄。在下面列举的一些情况下，相机的自动对焦系统往往无法准确对焦，此时就应该切换至手动对焦模式，然后手动调节对焦环完成对焦。

手动对焦拍摄还有一个好处，就是在对某一物体进行对焦后，只要在不改变焦平面的情况下再次构图，则不需要再进行对焦，这样就节约了拍摄时间。

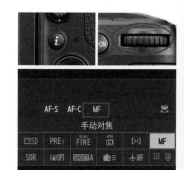

尼康 Z8 相机手动对焦设置方法：按下 **i** 按钮显示常用设定菜单，使用多重选择器选择对焦模式选项，然后转动主指令拨盘选择手动对焦模式

■ 杂乱的场景：当拍摄场景中充满杂乱无章的物体，特别是当被摄主体较小，或者没有特定形状、大小、色彩、明暗时，如树林、挤满行人的街道等，在这样的场景中，想要精准地对主体进行对焦，手动对焦就变得必不可少。

■ 弱光环境：在漆黑的环境中拍摄时，如拍摄星轨、闪电或光绘时，物体的反差很小。除非用对焦辅助灯或其他灯光照亮被拍摄对象，否则应使用手动对焦模式来完成对焦操作。

■ 微距题材：当使用微距镜头拍摄微距题材时，由于画面的景深极浅，使用自动对焦模式往往会跑焦，所以使用手动对焦模式将焦点对准主体进行对焦，更能提高拍摄的成功率。

■ 被摄对象前方有障碍物：如果被摄对象前方有障碍物，如拍摄笼子中的动物、花朵后面的人等，使用自动对焦模式就会对焦在障碍物上而不是被摄对象上，此时使用手动对焦模式可以精确地对焦至主体上。

■ 建筑物：现代建筑物的几何形状和线条经常会迷惑相机的自动对焦系统，造成对焦困难。有经验的摄影师一般都采用手动对焦模式来拍摄。

■ 低反差：低反差是指被摄对象和背景的颜色或色调比较接近，例如，拍摄一片雪地中的白色雪人，使用自动对焦模式是很难对焦成功的。

■ 高对比：当拍摄对比强烈的明亮区域时，例如，在日落时拍摄以纯净天空为背景、人物为剪影效果的画面，手动对焦模式比自动对焦模式更好用。

■ 背景占大部分画面：被摄主体在画面中占比较小，背景在画面中占比较大，例如，一个小小的人站在纯净的红墙前，自动对焦系统往往不能准确、快速地对人物进行对焦，而切换到手动对焦模式后，则可以做得又快又好。

○ 拍摄微距和星空题材，适合使用手动对焦模式

释放模式与对焦功能的搭配使用

　　针对不同的拍摄任务，需要将快门设置为不同的释放模式。例如，抓拍高速移动的物体，为了保证成功率，可以通过相应设置使摄影师按下一次快门能够连续拍摄多张照片。

　　以尼康 Z8 相机为例，其提供了单张拍摄⒮、低速连拍⒧、高速连拍⒣、高速画面捕捉 C30 ⒏30、高速画面捕捉 C60 ⒏60、高速画面捕捉 C120 ⒏120 及自拍⒪ 7 种模式。

单张拍摄模式

　　在此模式下，每次按下快门都只能拍摄一张照片。单张拍摄模式适合拍摄静态的对象，如风光、建筑、静物等题材。

尼康 Z8 相机释放模式设置方法：按住⒏按钮并旋转主指令拨盘选择所需的释放模式。当选择了连拍或自拍选项时，按住⒏按钮并旋转副指令拨盘，可选择连拍时的每秒拍摄张数或自拍延迟时间

○ 使用单张拍摄释放模式拍摄的各种题材示例

连拍模式

在连拍模式下，每次按下快门都将连续进行拍摄。大部分微单相机都提供了低速连拍和高速连拍模式。以尼康 Z8 相机为例，在低速连拍模式下，可以从 1~10fps 之间选择每秒拍摄张数，按住快门释放按钮不放，相机以所选每秒张数的速度连续拍摄，在高速连拍模式下，则可以从 10~20fps 之间选择每秒拍摄张数。

连拍模式适合拍摄运动的对象。当将被摄对象的瞬间动作全部抓拍下来以后，可以从中挑选最满意的画面。利用这种拍摄模式也可以将持续发生的事件拍摄成一系列照片，从而展现一个相对完整的过程。

O 使用连拍释放模式抓拍小鸟进食的精彩画面

自拍模式

尼康微单相机在自拍模式下，可以在"自定义设定"菜单中修改"自拍"参数，从而获得 2 秒、5 秒、10 秒和 20 秒的自拍延迟时间，特别适合自拍或合影时使用。在最后 2 秒时，相机的指示灯不再闪烁，且蜂鸣音变快。

值得一提的是，所谓的自拍释放模式并非只能用来给自己拍照。例如，在需要使用较低的快门速度拍摄时，可以将相机放在一个稳定的位置，并进行变焦、构图、对焦等操作，然后通过设置自拍释放模式，避免手按快门产生振动，进而拍摄到清晰的照片。

↓ 尼康Z8相机设定步骤

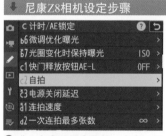

❶ 进入**自定义设定**菜单，点击 **c 计时 /AE 锁定**中的 **c2 自拍**选项

❷ 点击选择**自拍延迟**选项

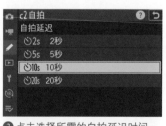

❸ 点击选择所需的自拍延迟时间

❹ 如果在步骤❷中选择**拍摄张数**选项，点击▲和▼图标选择要拍摄的照片数量，然后点击OK确定图标确认

❺ 如果在步骤❷中选择**拍摄间隔**选项，点击选择拍摄张数超过1张时两次拍摄之间的间隔时间

什么是大景深与小景深

举个最直接的例子，人像摄影中背景虚化的画面就是小景深画面，风光摄影中前后景物都清晰的画面就是大景深画面。

景深的大小与光圈、焦距及拍摄距离这3个要素密切相关。

当拍摄者与被摄对象之间的距离非常近，或者使用长焦距或大光圈拍摄时，就能得到很强烈的背景虚化效果；反之，当拍摄者与被摄对象之间的距离较远，或者使用小光圈或较短的焦距拍摄时，画面的虚化效果则会较差。

另外，被摄对象与背景之间的距离也是影响背景虚化的重要因素。例如，当被摄对象距离背景较近时，即使使用 F1.4 的大光圈也不能得到很好的背景虚化效果；但当被摄对象距离背景较远时，即便使用 F8 的光圈，也能获得较强烈的虚化效果。

在下面的章节中将分情况讨论不同拍摄要素对景深的影响。

了大景深的关系

景深大	远	←	相机与被摄对象之间的距离	→	近	景深小
	短	←	焦距	→	长	
	小	←	光圈	→	大	

由镜头决定的因素

17mm F8 1/6s ISO50

◇ 大景深效果的照片

100mm F4 1/200s ISO200

◇ 小景深效果的照片

影响景深的因素：光圈

光圈是控制景深（背景虚化程度）的重要因素。在相机焦距不变的情况下，光圈越大，景深越小；反之，光圈越小，景深越大。如果在拍摄时想通过控制景深来使自己的作品更有艺术效果，就要学会合理地使用大光圈和小光圈。

在所有数码微单相机中，都有光圈优先曝光模式，配合上面的理论，通过调整光圈数值的大小，即可拍摄出不同的对象或表现不同的主题。

例如，大光圈主要用于人像摄影、微距摄影，通过虚化背景来突出主体；小光圈主要用于风景摄影、建筑摄影、纪实摄影等，以便使画面中的所有景物都能清晰地呈现出来。

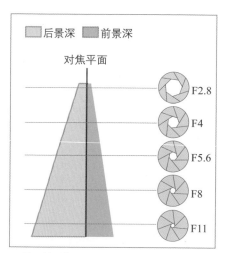

● 从示例图中可以看出，光圈越大，前、后景深越小；光圈越小，前、后景深越大。其中，后景深又是前景深的两倍

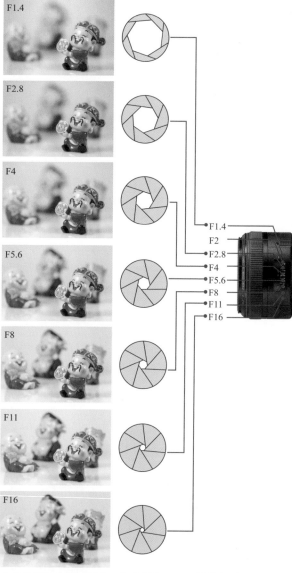

● 从示例图中可以看出，当光圈从 F1.4 逐渐缩小到 F16 时，画面的景深逐渐变大，画面背景处的玩偶逐渐变清晰

影响景深的因素：焦距

　　当其他条件相同时，拍摄时所使用的焦距越长，画面的景深越浅（小），可以得到更明显的虚化效果；反之，焦距越短，则画面的景深就越深（大），越容易得到前后都清晰的画面效果。

○ 70mm 焦距拍摄效果　　　　○ 140mm 焦距拍摄效果　　　　○ 200mm 焦距拍摄效果

影响景深的因素：物距

拍摄距离对景深的影响

　　在其他条件不变的情况下，拍摄者与被摄对象之间的距离越近，越容易得到小景深的虚化效果；反之，如果拍摄者与被摄对象之间的距离较远，则不容易得到虚化效果。从下面的照片可以看出，镜头距离蜻蜓越远，背景模糊效果越差，景深越大；反之，镜头越靠近蜻蜓，则背景虚化效果越好，景深越小。

○ 镜头距离蜻蜓 100cm　　　　○ 镜头距离蜻蜓 70cm　　　　○ 镜头距离蜻蜓 40cm

背景与被摄对象的距离对景深的影响

　　在其他条件不变的情况下，画面中的背景与被摄对象的距离越远，越容易得到小景深的虚化效果；反之，如果画面中的背景与被摄对象位于同一个焦平面上，或者非常靠近，则景深较大。通过下面这组照片可以看出，在镜头位置不变的情况下，玩偶距离背景越近，则背景的虚化程度越小。

○ 玩偶距离背景 20cm　　　　○ 玩偶距离背景 10cm　　　　○ 玩偶距离背景 0cm

控制背景虚化用光圈优先模式

许多刚开始学习摄影的爱好者，提出的第一个问题就是如何拍摄出人物清晰、背景模糊的照片。其实，使用 A 光圈优先模式便可以拍摄出这种效果。切换至 A 模式的方法如右图所示。

在光圈优先曝光模式下，相机会根据当前设置的光圈大小自动计算出合适的快门速度。

在同样的拍摄距离下，光圈越大，景深越小，即画面中的前景、背景的虚化效果就越好；反之，光圈越小，景深越大，即画面中的前景、背景的清晰度就越高。总结成口诀就是"大光圈景浅，完美虚背景；小光圈景深，远近都清楚"。

尼康 Z8 相机光圈优先模式设置方法：按住 MODE 按钮并旋转主指令拨盘选择 A，即为光圈优先曝光模式。在光圈优先曝光模式下，转动副指令拨盘可以选择不同的光圈

○ 使用光圈优先曝光模式，并配合大光圈，可以得到非常漂亮的背景虚化效果，这是人像摄影中很常见的一种表现形式

○ 用小光圈拍摄的自然风光，画面有足够大的景深，前景和后景都清晰

定格瞬间动作用快门优先模式

  足球场上的精彩瞬间、飞翔在空中的鸟儿、海浪拍岸所溅起的水花等题材都需要使用高速快门抓拍。而在拍摄这样的题材时，摄影爱好者应首先想到使用S快门优先模式。切换至S模式的方法如右图所示。

  以尼康 Z8 相机为例，在快门优先模式下，用户可转动主指令拨盘从 1/32000 ~ 30s 选择所需的快门速度，然后相机会自动计算光圈的大小，以获得正确的曝光组合。

  初学者可以用口诀"快门凝瞬间，慢门显动感"来记忆，即设定较高的快门速度可以凝固快速的动作或移动的主体；设定较低的快门速度可以形成模糊效果，从而产生动感。

尼康 Z8 相机快门优先模式设置方法：按住 MODE 按钮并旋转主指令拨盘选择 S，即为快门优先曝光模式。在快门优先曝光模式下，转动主指令拨盘可以选择不同的快门速度

300mm F5.6 1/1000s ISO100

 ○ 用快门优先曝光模式，以高速快门拍摄，抓拍到展翅飞翔的鸟儿

18mm F10 1/2s ISO100

 ○ 用快门优先曝光模式，以低速快门拍摄，海浪呈现出丝线般的效果

匆忙抓拍用程序自动模式

当在拍摄街头抓拍，或者拍摄纪实、新闻等题材时，最适合使用 P 挡程序自动模式。此模式的最大优点是操作简单、快捷，适合拍摄快照或不用十分注重曝光控制的场景。切换至 P 挡程序自动模式的方法如右图所示。

在此拍摄模式下，相机会自动选择一种适合手持拍摄并且不受相机抖动影响的快门速度，同时还会调整光圈以得到合适的景深，确保所有景物都能得到清晰的呈现。摄影师还可以设置 ISO 感光度、白平衡和曝光补偿等其他参数。

尼康 Z8 相机程序自动模式设置方法：按住 MODE 按钮并旋转主指令拨盘选择 P，即为程序自动曝光模式。在程序自动曝光模式下，可以转动主指令拨盘选择所需的曝光组合

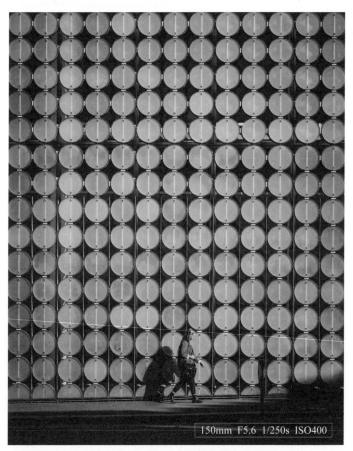

150mm F5.6 1/250s ISO400

○ 抓拍街头走过的路人时，使用程序自动模式进行拍摄很方便

自由控制曝光用全手动模式

全手动模式的优点

对于前面的曝光模式，摄影初学者问得较多的问题是："程序自动、光圈优先、快门优先、全手动这 4 种模式，哪个模式好用、比较容易上手？"专业摄影大师们往往推荐 M 挡手动模式。其实这 4 种模式并没有好用与不好用之分，只不过程序自动、光圈优先、快门优先这 3 种模式都由相机控制部分曝光参数，摄影师可以手动设置一些其他参数；而在全手动曝光模式下，所有的曝光参数都可以由摄影师手动进行设置，因而比较符合专业摄影大师们的习惯。

具体说来，使用 M 挡手动模式拍摄还具有以下几个优点。

■ 使用M挡全手动曝光模式拍摄，当摄影师设置好恰当的光圈、快门速度后，即使移动镜头再次进行构图，光圈与快门速度也不会发生变化。

■ 使用其他曝光模式拍摄，往往需要根据场景的亮度，在测光后进行曝光补偿操作；而在M挡全手动曝光模式下，由于光圈与快门速度都是由摄影师设定的，因此设定其他参数的同时就可以将曝光补偿考虑在内，从而省略了曝光补偿的设置过程。因此，在全手动曝光模式下，摄影师可以按自己的想法让影像曝光不足，以使照片显得较暗，给人忧伤的感觉，或者让影像稍微过曝，拍摄出明快的高调照片。

■ 当在摄影棚拍摄并使用了频闪灯或外置非专用闪光灯时，由于无法使用相机的测光系统，需要使用测光表或通过手动计算来确定正确的曝光值，因此就需要手动设置光圈和快门速度，从而实现正确的曝光。

尼康 Z8 相机手动模式设置方法：按住 MODE 按钮并旋转主指令拨盘选择 M，即为手动模式。在 M 挡手动模式下，转动主指令拨盘可以选择不同的快门速度，转动副指令拨盘可以选择不同的光圈

○ 用 M 挡手动模式拍摄的风景照片，拍摄时不用考虑曝光补偿，也不用考虑曝光锁定，调整参数使画面曝光符合拍摄需要即可

判断曝光状况的方法

在使用 M 挡全手动曝光模式拍摄时，为避免出现曝光不足或曝光过度的问题，摄影师可通过观察液晶显示屏和取景器中的曝光量游标的情况，来判断是否需要修改及应该如何修改当前的曝光参数组合。

判断的依据就是当前曝光量游标的位置，当其位于标准曝光量的位置时，就能获得相对准确的曝光。

需要特别指出的是，如果希望拍出曝光不足的低调照片或曝光过度的高调照片，则需要调整光圈与快门速度，使当前曝光量游标处于正常曝光量标志的左侧或右侧，游标越向左侧偏移，曝光不足程度越高，照片越暗。反之，如果当前曝光量游标在标准曝光量标志的右侧，则当前照片处于曝光过度状态，且游标越向右侧偏移，曝光过度程度越高，照片越亮。

标准曝光量标志

当前曝光量标志

○ 在改变光圈或快门速度时，当前曝光量标志会左右移动，当其位于标准曝光量标志的位置时，就能获得相对准确的曝光

50mm F7.1 1/125s ISO200

50mm F5.6 1/160s ISO200

○ 在室内拍摄人像时，由于光线、背景不变，所以使用手动模式（M）并设置好曝光参数后，就可以把注意力集中到模特的动作和表情上，拍摄将变得更加轻松自如

拍烟花、车轨、银河、星轨用 B 门模式

摄影初学者在拍摄朵朵绽放的烟花、乌云下的闪电等对象时，往往都只能抓拍到一朵烟花或漆黑的天空，这种情况的确让人顿感失落。

其实，对于光绘、车流、银河、星轨、焰火等这种需要长时间曝光并手动控制曝光时间的题材，其他模式都不适合，而应该选用 B 门模式拍摄，切换到 B 门模式的方法如右侧图所示。

在 B 门曝光模式下，持续地完全按下快门按钮将使快门一直处于打开状态，直到松开快门按钮时快门被关闭，才完成整个曝光过程。因此，曝光时间取决于快门按钮被按下与被释放的时间长短。

当使用 B 门曝光模式拍摄时，为了避免拍摄的照片模糊，应该使用三脚架及遥控快门线辅助拍摄，若不具备条件，至少也要将相机放置在平稳的地面上。

尼康 Z8 相机 B 门模式设置方法：
先将曝光模式设置为 M 挡手动模式，然后转动主指令拨盘，直至显示屏显示的快门速度为 Bulb（B 门）

28mm F16 40s ISO1000

○ 通过 40s 的长时间曝光，拍摄得到银河画面

第3章

用 Wi-Fi 功能连接手机

使用 Wi-Fi 功能拍摄的三大优势

自拍时摆造型更自由

使用手机自拍，虽然操作方便、快捷，但效果不尽如人意。而使用数码微单相机自拍时，虽然效果很好，但操作起来却很麻烦。通常在拍摄前要选好替代物，以便于相机锁定焦点，在拍摄时还要准确地站立在替代物的位置，否则有可能导致焦点不实，更不用说还存在是否能捕捉到最灿烂笑容的问题。

但如果使用尼康微单相机的Wi-Fi功能，则可以很好地解决这一问题。只要将智能手机注册到尼康微单相机的Wi-Fi网络中，就可以将相机液晶显示屏中显示的影像，以直播的形式显示到手机屏幕上。这样在自拍时就能够很轻松地确认自己有没有站对位置、脸部是否摆在最漂亮的角度、笑容够不够灿烂等。通过手机屏幕观察后，就可以直接用手机控制快门进行拍摄。

在拍摄时，首先要用三脚架固定相机；然后再找到合适的背景，通过手机观察自己所站的位置是否合适，自由地摆出个人喜好的造型，并通过手机确认姿势和构图；最后通过操作手机控制释放快门完成拍摄。

在更舒适的环境下遥控拍摄

在野外拍摄星轨的摄友，大多都体验过刺骨的寒风和蚊虫的叮咬。这是由于拍摄星轨通常都需要长时间曝光，而且为了避免受到城市灯光的影响，拍摄地点通常选择在空旷的野外。因此，虽然拍摄的成果令人激动，但拍摄的过程的确是一种煎熬。

利用尼康微单相机的Wi-Fi功能可以很好地解决这一问题。只要将智能手机注册到尼康微单相机的Wi-Fi网络中，摄影师就可以在遮风避雨的拍摄场所，如汽车内、帐篷中，通过智能手机进行拍摄。

这一功能对于喜好天文和野生动物摄影的摄友而言，绝对值得尝试。

以特别的角度轻松拍摄

虽然尼康微单相机的液晶屏是可翻折屏幕，但如果以较低的角度拍摄时，仍然不是很方便，利用尼康微单相机的Wi-Fi功能可以很好地解决这一问题。

当需要以非常低的角度拍摄时，可以在拍摄位置固定好相机，然后通过智能手机实时显示的画面查看图像并释放快门。即使在拍摄时需要将相机贴近地面，拍摄者也只需站在相机的旁边，通过手机控制，轻松、舒适地抓准时机进行拍摄。

当需要以一个非常高的角度进行拍摄时，也可以使用这种方法。

18mm F10 1/100s ISO100

○ 利用 Wi-Fi 功能连接手机操控相机拍摄，摄影师可以获得更个性的拍摄角度，拍摄时也更轻松一些

尼康通过智能手机遥控相机的操作方法

在智能手机上安装SnapBridge

当使用智能手机遥控尼康微单时，需要在手机中安装 SnapBridge（尼享）程序，当建立双向无线连接后，可以传输照片至智能设备，也可以使用智能设备遥控照相机。

用户可以从尼康官网或各应用市场中下载SnapBridge软件。下面以尼康Z8相机为例，讲解用Wi-Fi功能将相机连接至智能手机的操作方法。

○ SnapBridge 程序图标

连接前的设置

在与智能手机连接前，用户可以在"Wi-Fi连接"菜单中查看当前设定。以便在连接时，能够准确地知道尼康Z8相机的SSID名称和密码。

❶ 在**网络菜单**中点击选择**连接至智能设备**选项

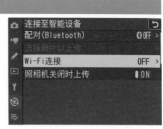

❷ 点击选择**Wi-Fi连接**选项

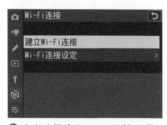

❸ 点击选择**建立Wi-Fi连接**选项

❹ 在此界面中，可以查看相机创建的Wi-Fi热点名称和密码

完成上述步骤的设置工作后，在这一步骤中需要启用智能手机的Wi-Fi功能，并接入尼康Z8的Wi-Fi网络。

❺ 开启智能手机的Wi-Fi功能，可看到相机的无线热点

❻ 输入相机屏幕上的密码后，手机显示连接成功

在手机上查看及传输照片

完成前面的操作步骤后，从智能手机中启动 SnapBridge软件，并开始与相机建立连接。通过 SnapBridge软件，相机存储卡中的照片将在智能手机上显示，用户可以查看并将其传输到手机中，从而实现即拍即分享。

↓ 尼康 Z8 相机设定步骤

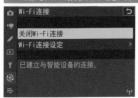

❶ 与手机连接成功后，相机显示屏上将显示已建立与智能设备的连接

❷ 配对成功后将显示此界面，点击选择**下载照片**选项

❸ 相机上的照片将以缩略图的形式显示，点击右上角的**选择**选项

❹ 选择想要下载的照片，然后点击下方的**下载**按钮

❺ 点击选择下载尺寸，完成后即可开始下载照片

❻ 进入正在下载照片界面，等待其传输完成后，即可在手机相册中查看下载的照片

用智能手机进行遥控拍摄

将相机与手机连接后，用户还可以遥控相机拍摄静态照片或录制视频。在手机与相机Wi-Fi连接有效的情况下，点击SnapBridge软件上的"遥控拍摄"选项即可启动实时显示遥控功能，智能手机屏幕将实时显示画面，在照片拍摄模式下，可以设置拍摄模式、光圈、快门速度、ISO、曝光补偿、白平衡模式等参数。

↓ 尼康 Z8 相机设定步骤

❶ 点击软件界面中的**遥控拍摄**选项

❷ 手机屏幕上将显示图像，点击红色框所在的图标可以拍摄照片，点击黄色框所在的图标可进入设置界面

❸ 在设置界面中，用户可以设定下载照片的文件大小、选择自拍功能，以及启用即时取景功能

❹ 在拍摄界面中，可以对拍摄模式、曝光组合、曝光补偿、白平衡模式等常用参数进行设置

❺ 例如，点击快门速度图标，在上方的列表中可滑动选择所需的快门速度值

❻ 例如，点击白平衡图标，在上方的列表中可以滑动选择所需的白平衡模式

❼ 点击图中红色框所在的图标，可以切换为视频拍摄模式

❽ 点击下方中央的红色录制按钮，便可开始录制视频。此时，左上角会显示REC图标

第4章
构图与用光美学基础理论

理解两大构图目的

营造画面的兴趣中心

一幅成功的摄影作品，画面必须有一个鲜明的兴趣中心，在点明画面主题的同时，也是吸引观赏者注意力的关键所在。一幅作品无法包罗万象，纳入过多对象只会使画面显得杂乱无章，且易分散观赏者的注意力，使画面主题表达不明确。

而营造画面兴趣中心要求画面只突出表现一个景物，有一个清晰而鲜明的事物或主题思想，既可以是整个物体或物体的某个组成部分，也可以是一个抽象的构图元素，抑或是几个元素的组合等，从而使画面产生统一感。选择好所要表现的主体对象之后，摄影师可以通过画面的布局、大小和对比来加强主体对象的表现，并使之在画面中占据绝对优势。

赋予画面形式美感

形式美在摄影中的运用，通常是指将构成画面的基本视觉元素，如色彩、形状、线条和质感等，通过组织、提炼呈现出的审美特征。

作为一名摄影师，要相信绝大部分事物都有其独特的视觉审美点，无论它是渺小还是宏伟、华丽还是朴素。摄影师的任务就是从形态、线条、质感、明暗、颜色及光线等方面进行观察，综合运用各种造型手段，将被拍摄对象的形式美体现在照片中。

24mm F11 1/25s ISO100

○ 以弯曲的河流作为前景，起到视觉引导的作用，让人随之观看远处的高山，以及恰好飘在山峰之上的彩云，整个画面浑然一体

画面的主要构成

画面主体

在一张照片中，主体不仅承担着吸引观赏者视线的作用，同时也是表现照片主题最重要的元素，而主体以外的元素，则应该围绕着主体展开，作为突出主体或表现主题的陪衬。

从内容上来说，主体可以是人，也可以是物，甚至可以是一个抽象的对象；而在构成上，点、线与面都可以成为画面的主体。

105mm F5.6 1/200s ISO200

○ 用大光圈虚化了背景，在小景深的画面中，蝴蝶显得非常醒目

画面陪体

陪体在画面中并非必需的，但恰当地运用陪体可以让画面更为丰富，渲染不同的气氛，对主体起到解释、限定、说明的作用，有利于传达画面的主题。

有些陪体并不需要出现在画面中，通过主体发出的某种"信号"，能让观赏者感觉到画面以外陪体的存在。

50mm F4 1/100s ISO100

○ 拍摄人像时将玩偶作为陪体，可以使画面氛围更加活泼，同时也丰富了画面的色彩

景别

景别是影响画面构图的另一个重要因素。景别是指因镜头与被摄体之间距离的变化，使被摄主体在画面中所呈现的范围大小的区别。

特写

特写可以说是专门刻画细节或局部特征的一种景别，在内容上能够以小见大，而对环境则表现得非常少，甚至完全忽略。

需要注意的是，正因为特写景别是针对局部进行拍摄的，有时甚至会达到纤毫毕现的程度，因此对拍摄对象的要求更为苛刻，以避免细节不完美，影响画面的效果。

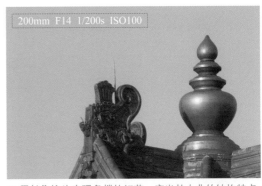

○ 用长焦镜头表现角楼的细节，突出其古典的结构特点

近景

当采用近景景别拍摄时，环境所占的比例非常小，对主体的细节层次与质感表现较好，画面具有鲜明、强烈的感染力。如果以人体来衡量，近景主要拍摄人物胸部以上的部分。

○ 利用近景表现角楼，可以很好地突出其局部的结构特点

中景

中景通常是指选取被摄主体的大部分，从而将其细节表现得更加清晰。同时，画面中也会有一些环境元素，用以渲染整体气氛。如果以人体来衡量，中景主要拍摄人物上半身至膝盖左右的部分。

○ 中景画面中的角楼，可以看出其层层叠叠的建筑结构，很有东方特色

全景

全景以拍摄主体作为画面的重点，主体全部显示在画面中，适合表现主体的全貌，相比远景更易于表现主体与环境之间的密切关系。例如，在人物肖像摄影中，运用全景构图，既能展示出人物的行为动作、面部表情与穿着等，也可以从某种程度上来表现人物的内心活动。

85mm F9 1/250s ISO100

○ 全景很好地表现了角楼整体的结构特点

远景

远景通常是指画面中除了被摄主体，还包括更多的环境因素。远景在渲染气氛、抒发情感、表现意境等方面具有独特的效果。远景画面具有广阔的视野，在气势、规模、场景等方面的表现力更强。

24mm F7.1 1/320s ISO100

○ 广角镜头表现了角楼和周围的环境，画面看起来很有气势

15 种必须掌握的构图法则

黄金分割——核心构图法则

黄金分割构图来源于黄金分割比例。

将正方形底边分成二等份，取中点x，并以此为圆心、以线段xy为半径画圆，其与底边直线的交点为z点，这样将正方形延伸为一个比例为5:8的矩形，即$A:C=B:A=5:8$，此比例就是著名的黄金分割比例。除了5:8的比例，在实际使用时，也会采用2:3或3:5等近似的比例。

对于主流数码相机，无论是APS-C画幅还是全画幅，其画幅比例都比较接近5:8，因此在拍摄时，能够非常容易地应用黄金分割法进行构图，从而达到快速获得完美构图的目的。

在上面推导出的完美矩形的基础上，绘制其左下角与右上角的对角线，再从右下角绘制y点的连线，并相交于对角线，这样就把矩形分成了3个不同的部分，按照这样的布局安排画面中的元素，就比较容易获得完美的构图。

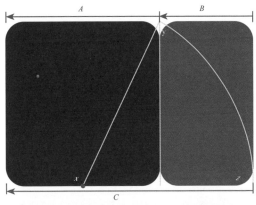

○ 黄金分割法示意图

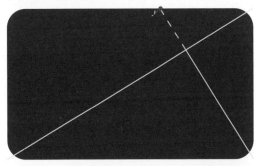

○ 黄金分割的另一种形式

○用黄金分割构图法将人物头部放在黄金分割点上，起到了突出主体的作用

145mm F5.6 1/400s ISO100

对摄影而言，真正用到黄金分割法的情况相对较少，因为在实际拍摄时很多画面元素并非摄影师可以控制的，再加上视角、景别等多种变数，因此很难实现完美的黄金分割构图。

但值得庆幸的是，经过不断的实践运用，人们总结出了黄金分割法的一些特点，进而演变出了一些相近的构图方法，如九宫格法（又称为三分法）就是其中一个重要的构图方法，其基本目的就是避免对称式构图的呆板。

○ 九宫格构图法示意图

在此构图方法中，画面中线条的4个交点称为黄金分割点，可以将主体置于黄金分割点上，也可以将其置于任意一条分割线的位置。

○ 用九宫格构图法将荷花放在分割线的交点处，起到了突出主体的作用

185mm F5.6 1/400s ISO160

三分线——自然、稳定的构图

三分法构图是比较稳定、自然的构图。把主体放在三分线上，可以引导人的视线更好地注意到主体上。这种构图法一直以来被各种风格的拍摄者广泛使用。当然，如果所有的摄影都采用这种构图法，也就没有趣味可言了。

60mm F4 1/125s ISO100

○ 将人物放在画面左侧的三分线上，使观赏者的视线第一时间被主体吸引

水平线——宽阔、稳定的构图

水平线构图是典型的安定式构图，是通过构图手法使主体景物在画面中呈现为一条或多条水平线的构图手法。采用这种构图的画面能够给人以淡雅、幽静、安宁、平静的感觉。

16mm F10 2s ISO100

○ 夕阳西下，一叶扁舟静静地"躺"在平静的水面上。通过将水平线放在画面中央，很好地表现出了这一刻的静谧

垂直线——高大、灵活的构图

垂直线构图即通过构图手法使主体景物在画面中呈现为一条或多条垂直线。和水平线构图一样，垂直线构图也是一种基本的构图方式，画面在垂直方向有延伸感，给人以高大、耸立及生长感，象征着希望与庄严。

如果画面中的对象不宜顶天立地贯通画面，应在构图上使其上端或下端留有一定的空间，否则会有堵塞感。

○ 用垂直线构图表现树木的高大、挺拔，以及顽强的生命力

斜线——活力无限的构图

斜线构图能够表现运动感，使画面在斜线方向上有视觉动势和运动趋向，从而使画面充满强烈的运动速度感。拍摄激烈的赛车或其他速度型比赛时，常用此类构图方式。如果用这种构图方式拍摄茅草，能够体现出轻风拂过的感觉，为画面增加清爽的气息。

○ 用斜线构图表现运动趋势及动感之美

曲线——优美、柔和的构图

曲线构图即通过调整镜头的焦距和拍摄角度，使所拍摄的景物在画面中呈现为曲线的构图手法，能给人带来一种优美的感觉。其中，典型的是S形曲线构图，它能使画面富有变化，引导观赏者的视线随曲线蜿蜒转移，呈现出舒展的视觉效果。

○ 用曲线构图表现河流的蜿蜒曲折之美

对角线——强调方向的构图

对角线构图即在摄影取景范围内，经过拍摄者的选择和提炼，使主体景物呈现出明显的对角线线条。采用这种构图方式拍摄的照片，能够引导观赏者的视线随着线条的指向移动，从而使画面产生一定的运动感、延伸感。

○ 用对角线构图将观赏者的思绪延伸到画面之外

放射线——发散式构图

使用放射线构图拍摄，一般需要对风景进行仔细观察后才能找到符合要求的放射线。使用这种构图方式拍摄的照片具有舒展的开放性和力量感。例如，阳光透过云层向下照射就会给人一种梦幻而神圣的感觉。

○ 用放射线构图展现树林不断汇聚至一点的形式美感

对称——相互呼应的构图

对称构图是一种比较传统的构图方式，在构图时使画面中的元素上下对称或左右对称。这种构图方式能使画面给人以严肃、庄重的感觉，同时在对比过程中能更好地突出主体，但有时会略显呆板、不生动。

○ 用对称构图表现建筑的严肃与庄重感

框架——更好地突出主体

框架构图是指充分利用前景物体作为框架进行拍摄，框架可以是任何形状。这种构图方式能使画面中景物的层次更丰富，加强画面的空间感，并能更好地突出主体，以强调画面的视觉中心点。

在具体拍摄时，可以考虑用窗、门、树枝、阴影、手等为画面制作"框架"。

○ 用框架构图将观赏者的视线吸引至画面主体上，并营造出良好的空间层次感

透视牵引——增强空间感的构图

透视牵引构图能使观赏者的视线聚集在整个画面中的某个点或某条线上，形成一个视觉中心。与放射线构图不同的是，它并没有一定的规律可循。采用透视牵引构图的照片对观赏者的视线具有引导作用，而且增强了整个画面的空间感。这种构图方式常用于拍摄桥梁或笔直的道路，使画面具有很强的纵深感，同时增强画面尽头的神秘感和未知感。

○ 用透视牵引构图引导观赏者的视线，并突出画面的纵深感

散点——随意自然的构图

散点构图以分散的点状形象来构成画面，就像一些珍珠散落在银盘里，使整个画面中的景物既有聚又有散，既存在不同的形态又统一于照片的背景中。

散点构图常见于以俯视角度表现地面上的牛、羊、马群，或者草地上星罗棋布的花朵。

○ 用散点构图让画面看起来轻松、随意，疏密有致又不失美感

紧凑——突出主体的构图

紧凑构图是指主体在整个画面中占据绝大部分面积，可以被更好地突出，给人留下深刻的印象。这种构图方式多用于拍摄人像特写或微距题材。

○ 用紧凑构图让画面中的贝壳纹理展现，产生了强烈的冲击力

正三角形——稳重且有力度

正三角形构图能营造稳定的安全感，使画面呈现出一种向上的延伸感。三角形构图易使画面产生呆滞感，所以拍摄者要充分发挥创造力，寻找兴趣点。

○ 用正三角形构图表现山脉的庄重与稳定

倒三角形——不稳定的动态感

倒三角形构图相对较为新颖，相比正三角形构图，倒三角形构图给人的感觉是稳定感不足，但更能体现出一种不稳定的张力，以及一种视觉和心理上的压迫感。

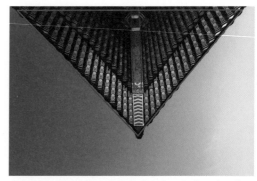

○ 用倒三角形构图表现皇家建筑的压迫感，并且使画面产生较强的张力

光的属性

直射光

光源直接照射到被摄体上，使被摄体受光面明亮、背光面阴暗，这种光线就是直射光。

在直射光照射下，对象会产生明显的亮面、暗面与投影，所以会表现出强烈的明暗对比。当以直射光照射被摄对象时，有利于表现被摄体的结构和质感，因此是建筑摄影、风光摄影的常用光线之一。

150mm F10 1/640s ISO100

◯ 在直射光下拍摄的建筑，明暗反差对比强烈，线条硬朗，画面很有力量

散射光

散射光是指没有明确照射方向的光，例如阴天、雾天时的天空光，或者添加柔光罩的灯光，水面、墙面、地面反射的光线也是典型的散射光。散射光的特点是照射均匀，被摄体明暗反差小，影调平淡柔和，能较为理想地呈现出细腻且丰富的质感和层次，但同时也会带来被摄对象体积感不足的负面影响。

◯ 用散射光拍摄的照片色调柔和，明暗反差较小，画面整体效果素雅洁净

200mm F2.8 1/500s ISO200

光的方向

光线的方向在摄影中也被称为光位，是指光源位置与拍摄方向所形成的角度。当不同方向的光线投射到同一个物体上时，会形成6种在摄影时要重点考虑的光位，即顺光、侧光、前侧光、逆光、侧逆光和顶光。

顺光

顺光也称"正面光"，是指光线的投射方向和拍摄方向相同的光线。在这样的光线下，被摄体受光均匀，景物没有大面积的阴影，色彩饱和，能表现丰富的色彩效果。但由于没有明显的明暗反差，所以对层次感和立体感的表现较差。

○ 以顺光拍摄的画面，虽然较好地表现了体积与颜色，但层次感的表现却一般

侧光

侧光是最常见的一种光线，侧光的投射方向与拍摄方向形成的夹角大于0°小于90°。在侧光下拍摄，被摄体的明暗反差、立体感、色彩还原、影调层次都有较好的表现。其中，又以45°的侧光最符合人们的视觉习惯，因此是一种最常用的光位。

○ 用侧光拍摄的山峦，可以使山峦看起来更立体，画面的层次感也更强

前侧光

前侧光是指投射的方向和相机的拍摄方向呈 45°角左右的光线。在前侧光下拍摄的物体会产生部分阴影，明暗反差比较明显，画面看起来富有立体感。因此，这种光位在摄影中比较常见。另外，前侧光可以照亮景物的大部分，在曝光控制上也较容易掌握。

无论是人像摄影、风光摄影，还是建筑摄影等摄影题材，前侧光都有较广泛的应用。

○ 用前侧光拍摄人物，可使其大面积处于光线照射下，从画面中可看出，模特皮肤明亮，五官很有立体感

逆光

逆光也称"背光"，光线照射方向与拍摄方向相反，因为能勾勒出被摄物体的轮廓，所以又被称为"轮廓光"。在逆光下拍摄需要对所拍摄的对象进行补光，否则画面的立体感和空间感将被压缩，甚至成为剪影照。

○ 在逆光拍摄的画面中，树木呈剪影效果，拍摄这类画面时背景要简洁

侧逆光

通俗地讲，侧逆光就是后侧光，是指光线从被摄对象的后侧方投射而来。采用侧逆光拍摄，可以使被摄景物同时产生侧光和逆光的效果。

如果画面中包含的景物比较多，靠近光源方向的景物轮廓就会比较明显，而背向光源方向的景物则会有较深的阴影，这样一来，画面中就会呈现出明显的明暗反差，产生较强的立体感和空间感，应用在人像摄影中能产生主体与背景分离的效果。

70mm F2.8 1/250s ISO100

○ 当在侧逆光下拍摄人像时，人物被光线照射的头发呈现出发光的效果

顶光

顶光是指照射光线来自被摄体的上方，与拍摄方向成90°夹角，是戏剧用光的一种，在摄影中单独使用的情况不多。尤其是在拍摄人像照片时，会在被摄对象的眉弓、鼻底及下颌等处形成明显的阴影，不利于表现被摄人物的美感。

200mm F3.2 1/500s ISO100

○ 在顶光下拍摄花朵，由于明暗差距较大，因此看起来光感强烈，配合大光圈的使用，画面主体突出且明亮、干净

光比的概念与运用

　　光比是指被摄对象受光面亮度与阴影面亮度的比值，是摄影的重要参数之一。光比还指被摄对象相邻部分的亮度之比，或者被摄对象主要部位亮部与暗部之间的反差。光比大，反差就大；光比小，反差就小。

　　光比的大小决定着画面明暗的反差，使画面形成不同的影调和色调。拍摄时巧用光比，可以有效地表现被摄对象"刚"与"柔"的特性。例如，拍摄女性、儿童时常用小光比，拍摄男性、老人时常用大光比。所以，可以根据想要表现的画面效果来合理地控制画面的光比。

○ 用大光比塑造人物，通常可以强化人物的性格表现，营造画面氛围，画面中的女孩看起来很时尚

○ 光比较小的人像照片能够较好地表现出人物柔美的肤质和细腻的女性气质

第5章
镜头、滤镜及脚架等
附件的使用技巧

尼康微单镜头标识名称解读

通常镜头名称中会包含很多数字和字母，尼康Z系列镜头专用于尼康微单相机，采用了独立的命名体系，各个数字和字母都有特定的含义，熟记这些数字和字母所代表的含义，就能很快地了解一款镜头的性能。

○ 尼克尔 Z 24-70mm F4 S

❶ Z： 代表此镜头适用于Z卡口微单相机。

❷ 24-70mm： 代表镜头的焦距范围。

❸ F4： 表示镜头所拥有的最大光圈。光圈恒定的镜头采用单一数值表示，如尼克尔 Z 24-70mm F4 S；浮动光圈的镜头会标出光圈的浮动范围，如尼克尔 Z 24-200mm F4-6.3 VR。

❹ S： 是S-Line的缩写，是高质量S型镜头的意思。

认识尼康相机的3种卡口

尼康微单相机使用了全新的Z卡口。至此，尼康就拥有了数码微单、数码单反与可换镜头数码相机3个产品线，这3个产品线上的相机分别为Z卡口、F卡口和1卡口。

不同卡口的相机，需要使用不同卡口的镜头。其中，尼康全画幅单反相机使用F卡口中的AF-S系列镜头；尼康DX画幅单反相机可以使用F卡口中的AF-S和AF-S DX系列镜头；尼康可换镜头数码相机1系列可以使用1系列镜头；全画幅微单相机使用Z系列镜头，DX画幅微单相机使用Z卡口的DX系列镜头。

比如，AF-S 尼克尔 24-70mm F2.8E ED VR 这款镜头，它可以同时在全画幅单反及 DX 画幅单反相机上使用；AF-S DX 尼克尔 16-85mm F3.5-5.6G ED VR 这款 DX 镜头只能在 DX 画幅相机上使用；尼克尔 Z 24-70mm F4 S 这款镜头只能在全画幅微单相机上使用。

○ F 卡口镜头：AF-S 尼克尔 24-70mm F2.8E ED VR

○ F 卡口 DX 镜头：AF-S DX 尼克尔 16-85mm F3.5-5.6G ED VR

○ Z 卡口镜头：尼克尔 Z 24-70mm F4 S

○ Z 卡口 DX 镜头：尼克尔 Z DX 18-140mm F3.5-6.3 VR

认识尼康的卡口适配器

如前所述，尼康微单相机用户只能使用Z卡口镜头，但考虑到很多老用户有不少F卡口镜头，因此，推出了卡口适配器。

当将卡口适配器安装在尼康微单相机上以后，就可以使用F卡口的系列镜头。

安装了卡口适配器的尼康微单相机，可以转接带有自动曝光的F卡口系列镜头（包括AI镜头在内的近360款），支持94款AF-P/AF-S/AF-I镜头，可使用自动对焦和自动曝光进行拍摄。

◎ 卡口适配器 FTZ Ⅱ

安装适配器的方法是，将适配器的安装标记和相机上的安装标记对齐后，将其逆时针旋转直至卡入正确位置并发出咔嗒声。

然后将镜头安装标记和卡口适配器上的镜头安装标记对齐，逆时针旋转镜头，直至卡入正确位置并发出咔嗒声。

◎ 卡口适配器安装示意图

购买镜头合理搭配原则

摄影爱好者在选购镜头时应该注意各镜头的焦段搭配，尽量避免重合，甚至可以留出一定的"中空"。

比如，尼克尔 Z 14-24mm F2.8 S、尼克尔 Z 24-70mm F2.8 S、尼克尔 Z 70-200mm F2.8 VR S镜头，覆盖了从广角到长焦最常用的焦段，且各个镜头之间的焦距衔接紧密，3款镜头的焦段重叠很少，因此浪费比较少。

14~24mm焦段	24~70mm焦段	70~200mm焦段
尼克尔 Z 14-24mm F2.8 S	尼克尔 Z 24-70mm F2.8 S	尼克尔 Z 70-200mm F2.8 VR S

了解恒定光圈镜头与浮动光圈镜头

恒定光圈镜头

　　恒定光圈是指在镜头的任何焦段下都拥有相同的光圈。例如尼克尔 Z 24-70mm F2.8 S 在 24 ~ 70mm 之间的任意一个焦距下都拥有 F2.8 的大光圈，以保证充足的进光量、更好的虚化效果，所以价格也比较贵。

○ 恒定光圈镜头尼克尔 Z 24-70mm F2.8 S

浮动光圈镜头

　　浮动光圈是指光圈会随着焦距的变化而改变。例如尼克尔 Z 24-200mm F4-6.3 VR 镜头，当焦距为 24mm 时，最大光圈为 F4；而焦距为 200mm 时，其最大光圈就自动变为了 F6.3。浮动光圈镜头的性价比较高是其较大的优势。

○ 浮动光圈镜头尼克尔 Z 24-200mm f/4-6.3VR

定焦镜头与变焦镜头的优劣势

　　在选购镜头时，除了要考虑原厂、副厂、拍摄用途，还涉及定焦镜头与变焦镜头之间的选择。

　　如果用一句话来说明定焦与变焦的区别，那就是"定焦取景基本靠走，变焦取景基本靠扭"。由此可见，两者之间最大的区别就是一个焦距固定，另一个焦距不固定。

　　下面通过表格来了解一下两者之间的区别。

定焦镜头	变焦镜头
尼克尔 Z 50mm F1.2 S	尼克尔 Z DX 18-140mm f/3.5-6.3 VR
恒定大光圈	浮动光圈居多，少数为恒定大光圈
最大光圈可达到 F1.8、F1.4、F1.2	少数镜头最大光圈能达到 F1.8
焦距不可调节，改变景别靠走	可以调节焦距，改变景别不用走
成像质量优异	大部分镜头成像质量不如定焦镜头
除了少数超大光圈镜头，其他定焦镜头售价都低于恒定光圈的变焦镜头	生产成本较高，镜头售价较高

○ 在这组照片中，摄影师只需选好合适的拍摄位置，就可利用变焦镜头拍摄出不同景别的人像作品

大倍率变焦镜头的优势

变焦范围大

大倍率变焦镜头是指那些拥有较大的变焦范围，通常都具有 5 倍、10 倍甚至更高的变焦倍率，如尼克尔 Z 28-400mm F4-8 VR。

价格亲民

这类镜头的价格普遍不高，普通摄影爱好者也能够轻松购买。

在各种环境下都可发挥作用

大倍率变焦镜头的大变焦范围，让用户在各种情况下都可以轻松实现拍摄。比如参加活动时，常常是在拥挤的人群中拍摄，此时可能根本无法动弹，或者在需要抓拍、抢拍时，如果镜头的焦距不合适，则很难拍摄到好的照片。而对焦距范围较大的大倍率变焦镜头来说，则几乎不存在这样的问题，在拍摄时可以通过随意变焦，以各种景别对主体进行拍摄。

又如，在拍摄人像时，可以使用广角或中焦焦距拍摄人物的全身或半身像。在摄影师保持不动的情况下，只需改变镜头的焦距，就可以轻松地拍摄人物的脸部甚至是眼睛的特写。

所以这类镜头又被称为"一镜走天下"的镜头。

大倍率变焦镜头的劣势

成像质量不佳

由于变焦倍率高、价格低廉等原因，大倍率变焦镜头的成像质量通常都处于中等水平。但如果在使用时避免使用最长与最短焦距，在光圈设置上避免使用最大光圈或最小光圈，则可以有效地改善画质。因为在使用最大和最小光圈拍摄时，成像质量下降、暗角及畸变等问题都会表现得更为明显。

机械性能不佳

大倍率变焦镜头很少采取防潮、防尘设计，尤其是在变焦时，通常会向前伸出一截或两截镜筒，这些位置不可避免地会有间隙，长时间使用难免会进灰。因此，平时应特别注意尽量不要在潮湿、灰尘较大的环境中使用。

另外，对于会伸出镜筒的镜头，在使用一段时间后，也容易出现阻尼不足的问题，即当相机朝下时，镜筒可能会自动滑出。因此，在日常使用时，应尽量避免用力、急速地拧动变焦环，以延长阻尼的使用寿命。当镜头提供变焦锁定开关时，还应该在不使用时锁上此开关，避免出现自动滑出的情况。

等效焦距的转换

摄影爱好者常用的微单相机一般分为两种画幅，一种是全画幅，另一种是DX画幅。

尼康 DX 画幅相机的 CMOS 感光元件的尺寸为 23.5mm×15.7mm，由于比全画幅的感光元件（36mm×24mm）小，因此，其视角也会变小。但为了与全画幅相机的焦距数值统一，也为了便于描述，一般会通过换算的方式得到一个等效焦距，尼康 DX 画幅相机的焦距换算系数为 1.5。

因此，如果将焦距为 100mm 的镜头装在全画幅相机上，其焦距仍为 100mm；但如果将其装在尼康 Z50 等 DX 画幅相机上时，焦距就变为了 150mm。

用公式表示为：**DX画幅等效焦距 = 镜头实际焦距 × 转换系数**（1.5）。

摄影爱好者学习换算等效焦距的意义在于，要了解同样一支镜头安装在全画幅相机与 DX 画幅相机所带来的不同效果。

例如，摄影爱好者的相机是 DX 画幅，但是想购买一支全画幅定焦镜头用于拍摄人像，那么就要考虑到焦距的选择。通常 85mm 左右焦距拍摄出来的人像是最为真实、自然的。在购买时，不能直接选择 85mm 的定焦镜头，而是应该选择 50mm 的定焦镜头，因为其换算焦距后等于 75mm，近似 85mm 焦距的拍摄效果。

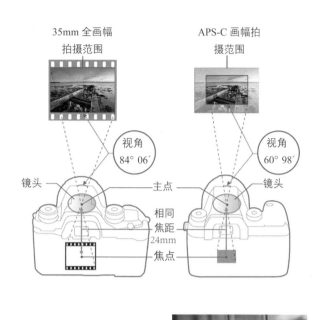

O 假设此照片是使用全画幅相机拍摄的，那么在相同的情况下，使用 DX 画幅相机就只能拍摄到图中红色框中所示的范围

了解焦距对视角和画面效果的影响

焦距对拍摄视角有非常大的影响。例如，使用广角镜头的14mm焦距拍摄，其视角能够达到114°；而如果使用长焦镜头的200mm焦距拍摄，其视角只有12°。不同焦距镜头对应的视角如下图所示。

由于不同焦距镜头的视角不同，因此不同焦距镜头适用的拍摄题材也有所不同。比如，

焦距短、视角宽的广角镜头常用于拍摄风光；而焦距长、视角窄的长焦镜头则常用于拍摄体育比赛、鸟类等位于远处的对象。要记住不同焦段的镜头的特点，可以从下面这句口诀开始："短焦视角广，长焦压空间，望远景深浅，微距景更短"。

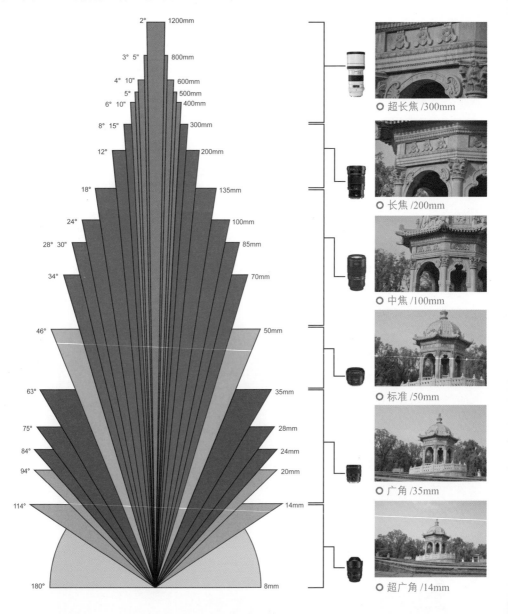

○ 超长焦 /300mm

○ 长焦 /200mm

○ 中焦 /100mm

○ 标准 /50mm

○ 广角 /35mm

○ 超广角 /14mm

滤镜的"方圆"之争

　　摄影初学者在网上商城选购滤镜时，看到滤镜有方形和圆形两种，便不知道该如何选择。通过学习本节内容，在了解了方形滤镜与圆形滤镜的区别后，摄影爱好者便可以根据自身需求做出选择了。

○ 圆形与方形的中灰渐变镜

滤镜		圆形	方形
UV 镜 保护镜 偏振镜		这 3 种滤镜都是圆形的，不存在方形与圆形的选择问题	—
中灰镜	优点	可以直接安装在镜头上，方便携带及安装遮光罩	不用担心镜头口径问题，在任何镜头上都可以用
	缺点	需要匹配镜头口径，并不能通用于任何镜头	需要安装在滤镜支架上使用，因此不能在镜头上安装遮光罩了；携带不太方便
渐变镜	优点	可以直接安装在镜头上，使用起来比较方便	可以根据构图的需要调整渐变的位置
	缺点	渐变位置是不可调节的，只能拍摄天空约占画面 50% 的照片	需要购买一个支架安装在镜头前面，才可以把滤镜装上

选择滤镜要对口

　　有些摄影爱好者拍摄风光的机会比较少，在器材投资方面并没有选购一套滤镜的打算，因此，如果偶然有几天要外出旅游拍一些风光照片，会借用朋友的滤镜，或者在网上租一套滤镜。此时，需要格外注意镜头口径的问题。因为有的滤镜并不能通用于任何镜头，不同的镜头拥有不同的口径。相应的，滤镜也分为各种尺寸。一定要注意了解自己所使用的镜头口径，避免将滤镜拿回去以后或过大、或过小，而安装不到镜头上去。

　　例如，尼克尔 Z 28-75mm F2.8 镜头的口径为 67mm，尼克尔 Z 24-120mm F4 S 镜头的口径为 77mm。

　　在选择方形渐变镜时，也需要注意镜头口径的大小。如果当前镜头安装滤镜的尺寸是 82mm，那么可选择方形的镜片，以方便进行调节。

UV 镜

UV 镜也称"紫外线滤镜",是滤镜的一种,主要是针对胶片相机设计的,用于防止紫外线对曝光的影响,提高成像质量和影像的清晰度。现在的数码相机已经不存在这种问题了,但由于其价格低廉,已成为摄影师用来保护数码相机镜头的工具。因此,强烈建议摄友在购买镜头的同时也购买一款 UV 镜,以更好地保护镜头不受灰尘、手印及油渍的侵扰。

除了购买原厂的 UV 镜,肯高、NISI 及 B+W 等厂商生产的 UV 镜也不错,性价比很高。

◎ B+W 77mm XS-PRO MRC UV 镜

保护镜

如前所述,在数码摄影时代,UV 镜的作用主要是保护镜头。开发这种 UV 镜可以兼顾数码相机与胶片相机,但考虑到胶片相机逐步退出了主流民用摄影市场,各大滤镜厂商在开发 UV 镜时已经不再考虑胶片相机。因此,这种 UV 镜演变成了专门用于保护镜头的一种滤镜——保护镜。这种滤镜的功能只有一个,就是保护昂贵的镜头。

与 UV 镜一样,口径越大的保护镜价格越高,通光性越好的保护镜价格也越高。

◎ 肯高保护镜

◎ 保护镜不会影响画面的画质,透过它拍摄出来的风景照片层次很细腻,颜色很鲜艳

35mm F22 1.8s ISO50

偏振镜

如果希望拍摄到具有浓郁色彩的画面、清澈见底的水面，或者想透过玻璃拍好物品等，一个好的偏振镜是必不可少的。

偏振镜也称偏光镜或 PL 镜，可分为线偏和圆偏两种，主要用于消除或减少物体表面的反光。数码相机应选择有 "CPL" 标志的圆偏振镜，因为在数码微单相机上使用线偏振镜容易影响测光和对焦。

○ 肯高 67mm C-PL（W）偏振镜

在使用偏振镜时，可以旋转其调节环以选择不同的强度，在取景器中可以看到一些色彩上的变化。同时需要注意的是，偏振镜会阻碍光线的进入，大约相当于减少两挡光圈的进光量，故在使用偏振镜时，需要降低约两挡快门速度，这样才能拍出与未使用偏振镜时相同曝光量的照片。

用偏振镜提高色彩饱和度

如果拍摄环境的光线比较杂乱，会对景物的颜色还原产生很大的影响。环境光和天空光在物体上形成的反光，会使景物的颜色看起来并不鲜艳。使用偏振镜进行拍摄，可以消除杂光中的偏振光，减少杂散光对物体颜色还原的影响，从而提高物体色彩的饱和度，使景物的颜色显得更加鲜艳。

○ 在镜头前加装偏振镜进行拍摄，可以改变画面的灰暗色彩，增强色彩的饱和度

用偏振镜压暗蓝天

晴朗天空中的散射光是偏振光,利用偏振镜可以减少偏振光,使蓝天变得更蓝、更暗。加装偏振镜后拍摄的蓝天，比只使用蓝色渐变镜拍摄的蓝天更加真实。因为使用偏振镜拍摄，既能压暗天空，又不会影响其余景物的色彩还原。

用偏振镜抑制非金属表面的反光

使用偏振镜拍摄的另一个好处就是可以抑制被摄体表面的反光。在拍摄水面、玻璃表面时，经常会遇到反光的情况，使用偏振镜则可以削弱水面、玻璃及其他非金属物体表面的反光。

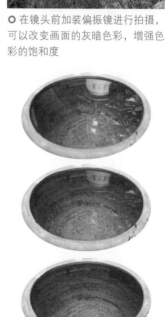

○ 随着慢慢转动偏振镜，水中显示的倒映物慢慢消失不见

中灰镜

认识中灰镜

中灰镜又称 ND（Neutral Density）镜，是一种不带任何色彩成分的灰色滤镜。当将其安装在镜头前面时，可以减少镜头的进光量，从而降低快门速度。

中灰镜分为不同的级数，如 ND6（也称为 ND0.6）、ND8（0.9）、ND16（1.2）、ND32（1.5）、ND64（1.8）、ND128（2.1）、ND256（2.4）、ND512（2.7）和 ND1000（3.0）。

不同级数对应不同的阻光挡位。例如，ND6（0.6）可降低2挡曝光，ND8（0.9）可降低3挡曝光。其他级数对应的曝光降低挡位分别为 ND16（1.2）4挡、ND32（1.5）5挡、ND64（1.8）6挡、ND128（2.1）7挡、ND256（2.4）8挡、ND512（2.7）9挡、ND1000（3.0）10挡。

常见的中灰镜是 ND8（0.9）、ND64（1.8）、ND1000（3.0），分别对应降低3挡、6挡、10挡曝光。

◎ 安装了多片中灰镜的相机

18mm F16 5s ISO200

◎ 通过使用中灰镜降低快门速度，拍摄出水流连成丝线状的效果

下面用一个小实例来说明中灰镜的具体作用。

大家都知道，使用较低的快门速度可以拍出如丝般的溪流、飞逝的流云效果。但在实际拍摄时，经常遇到的一个难题就是，由于天气晴朗、光线充足等原因，导致即使使用了最小的光圈、最低的感光度，也仍然无法达到较低的快门速度，更不要说使用更低的快门速度拍出水流如丝般的梦幻效果。

此时就可以使用中灰镜来减少进光量。例如，在晴朗的天气条件下使用 F16 的光圈拍摄瀑布，得到的快门速度为 1/16s，但使用这样的快门速度拍摄无法使水流产生很好的虚化效果。此时，可以安装 ND4 型号的中灰镜，或者安装两块 ND2 型号的中灰镜，使镜头的进光量减少，从而降低快门速度至 1/4s，即可得到预期的效果。在购买 ND 镜时要关注 3 个要点，第一是形状，第二是尺寸，第三是材质。

中灰镜的形状

中灰镜有方形与圆形两种。

圆镜属于便携类型，而方镜则更专业。因为方镜在偏色、锐度及成像的处理上远比圆镜要好。使用方镜可以避免同时使用多块滤镜时出现暗角，圆镜在叠加使用多块滤镜时容易出现暗角。

此外，一套方镜可以通用于口径在82mm以下的所有镜头，而不同口径的镜头需要不同的圆镜。虽然使用方镜时还需要购买支架，单块的方镜价格也比较高，但如果需要的镜头比较多，算起来还是方镜更经济实惠。

○ 圆形中灰镜 　　　　　　　　　　　　　　　　　　　○ 方形中灰镜

中灰镜的尺寸

方形中灰镜的尺寸通常为 100mm×100mm，但如果镜头的口径大于 82mm，对应的中灰镜的尺寸也要大一些，应该使用 150mm×150mm 甚至尺寸更大的中灰镜。另外，不同尺寸的中灰镜对应的支架型号也不一样，在购买时也要特别注意。

	70mm 方镜系统	100mm 方镜系统	150mm 方镜系统
方镜系统			
使用镜头	镜头口径 ≤ 58mm	镜头口径 ≤ 82mm	镜头口径 ≤ 82mm/ 超广角
支架型号	HS-M1 方镜支架系统	HS-V3 方镜支架系统 HS-V2 方镜支架系统	

中灰镜的材质

现在能够买到的中灰镜有玻璃与树脂两种材质。

玻璃材质的中灰镜在使用寿命上远远高于树脂材质的中灰镜。树脂其实就是一种塑料，通过化学浸泡置换出不同减光效果的挡位。这种材质长时间在户外风吹日晒的环境下，很快就会偏色，如果照片出现严重的偏色，后期也很难校正回来。

玻璃材质的中灰镜使用的是镀膜技术，质量过关的玻璃材质的中灰镜使用几年也不会变色。当然，玻璃材质的中灰镜价格也比树脂型中灰镜高。

产品名称	双面光学纳镀膜	树脂渐变方片	玻璃夹膜胶合	ND 玻璃胶合	单面光学镀膜 GND
渐变工艺	双面精密抛光 双面光学镀膜	染色	两片透明玻璃 胶合染色树脂方片双面抛光	胶合后抛光	抛光后单面镀膜
材质	H-K9L 光学玻璃	CR39 树脂	玻璃 +CR39 树脂	中灰玻璃 + 透明玻璃	单片式透明玻璃 B270
偏色	可忽略	需实测	需实测	可忽略	可忽略
清晰	是	否	—	—	—
双面减反膜	有	无	无	无	无
双面防水膜	有	无	无	无	无
防静电吸尘	强	弱	中等	中等	中等
抗刮伤	强	弱	中等	中等	中等
抗有机溶剂	强	弱	强	强	强
老化和褪色	无	有	可能有	无	无
耐高温	强	弱	中等	中等	强
LOGO 掉漆	NO/ 激光蚀刻	YES/ 丝印	YES/ 丝印	YES/ 丝印	YES/ 丝印
抗摔性	一般	强	一般	一般	一般

中灰镜的基本使用步骤

在添加中灰镜后，根据减光级数不同，画面亮度会出现一定的变化。此时再进行对焦及曝光参数的调整，则会出现诸多问题，所以只有按照一定的步骤进行操作，才能让拍摄顺利进行。

中灰镜的基本使用步骤如下。

（1）使用自动对焦模式进行对焦，在准确合焦后，将对焦模式设置为手动对焦。

（2）建议使用光圈优先曝光模式，将ISO设置为100，通过调整光圈来控制景深，并拍摄亮度正常的画面。

（3）将此时的曝光参数（光圈、快门和感光度）记录下来。

（4）将曝光模式设置为M挡，并输入已经记录的在不加装中灰镜时可以得到正常画面亮度的曝光参数。

（5）安装中灰镜。

（6）计算安装中灰镜后的快门速度并进行设置。快门速度设置完毕后，即可按下快门进行拍摄。

计算安装中灰镜后的快门速度

在安装中灰镜时，需要对安装它之后的快门速度进行计算，下面介绍具体的计算方法。

（1）自行计算安装中灰镜后的快门速度。

不同型号的中灰镜可以降低不同挡数的光线。如果降低 n 挡光线，那么曝光量就会减少为 $1/2^n$。所以，为了让照片在安装中灰镜之后与安装中灰镜之前能获得相同的曝光，在安装中灰镜之后，其快门速度应延长为未安装时的 2^n。

例如，在安装中灰镜之前，使画面亮度正常的曝光时间为1/125s，那么在安装ND64（减光6挡）之后，其他曝光参数不变，将快门速度延长为 $1/125 \times 2^6 \approx 1/2s$ 即可。

（2）通过后期处理App计算安装中灰镜后的快门速度。

无论是在苹果手机的App Store中，还是在安卓手机的应用市场中，均能搜索到多款计算安装中灰镜后所用快门速度的App，此处以Long Exposure Calculator为例介绍计算方法。

（1）打开Long Exposure Calculator App。

（2）在第一栏中选择所用的中灰镜。

（3）在第二栏中选择未安装中灰镜时，让画面亮度正常所用的快门速度。

（4）在最后一栏中则会显示不改变光圈和快门速度的情况下，加装中灰镜后能让画面亮度正常的快门速度。

O Long Exposure Calculator App

O 快门速度计算界面

中灰渐变镜

在慢门摄影中，当在日出、日落等明暗反差较大的环境下，拍摄慢速水流效果的画面时，如果不安装中灰渐变镜，直接对地面景物进行长时间曝光，按地面景物的亮度进行测光并进行曝光，天空就会失去所有细节。

要解决这个问题，最好的选择就是用中灰渐变镜来平衡天空与地面的亮度。

渐变镜又被称为GND（Gradient Neutral Density）镜，是一种一半透光、一半阻光的滤镜，在色彩上也有很多选择，如蓝色、茶色等。在所有的渐变镜中，最常用的是中性灰色的渐变镜。

拍摄时，将中灰渐变镜上较暗的一侧安排在画面中天空的部分。由于深色端有较强的阻光效果，因此可以减少进入相机的光线，从而保证在相同的曝光时间内，画面上较亮的区域进光量少，与较暗的区域在总体曝光量上趋于相同，使天空层次更丰富，而地面的景观也不至于黑成一团。

中灰渐变镜有圆形与方形两种。圆形中灰渐变镜是直接安装在镜头上的，使用起来比较方便，但由于渐变是不可调节的，因此只能拍

摄天空约占画面 50% 的照片。与使用方形中灰镜一样，使用方形中灰渐变镜时，也需要购买一个支架安装在镜头前面，只有这样才可以把滤镜装上。其优点是可以根据构图的需要调整渐变的位置，而且可以根据需要叠加使用多个中灰渐变镜。

○ 不同形状的中灰渐变镜

○ 安装多片中灰渐变镜的效果

○ 方形中灰渐变镜的安装方式

○ 在支架上安装方形中灰渐变镜后的相机

17mm F16 2.5s ISO100

○ 2.5s 的长时间曝光使海岸礁石拥有丰富的细节，中灰渐变镜则保证天空不会过曝，并且得到了海面雾化的效果

用三脚架与独脚架保持拍摄的稳定性

脚架类型及各自的特点

在拍摄微距、长时间曝光题材或使用长焦镜头拍摄动物时，脚架是必备的摄影配件之一，使用它可以让相机变得更稳定，即使在长时间曝光的情况下，也能够拍摄到清晰的照片。

对比项目		说　明
铝合金	碳素纤维	铝合金脚架较便宜，但较重，不便携带 碳素纤维脚架的档次要比铝合金脚架高，便携性、抗震性、稳定性都很好，但是价格很高
三脚	独脚	三脚架稳定性好，在配合快门线、遥控器的情况下，可实现完全脱机拍摄 独脚架的稳定性要弱于三脚架，在使用时需要摄影师来控制独脚架的稳定性。但由于其体积和重量只有三脚架的1/3，因此携带十分方便
三节	四节	三节脚管的三脚架稳定性高，但略显笨重，携带稍微不便 四节脚管的三脚架能纳得更短，因此携带更为方便。但是在脚管全部打开时，由于尾端的脚管比较细，稳定性不如三节脚管的三脚架好
三维云台	球形云台	三维云台的承重能力强、构图十分精准，缺点是占用的空间较大，在携带时稍显不便 球形云台体积较小，只要旋转按钮，就可以让相机迅速转到所需要的角度，操作起来十分便利

分散脚架的承重

在海滩、沙漠、雪地拍摄时，由于沙子或雪比较柔软，三脚架的支架会不断地陷入其中，即使是质量很好的三脚架，也很难保证拍摄的稳定性。

尽管陷进足够深的地方能有一定的稳定性，但是沙子、雪会覆盖整个支架，容易造成脚架的关节处损坏。

在这样的情况下，就需要一些物体来分散三脚架的重量，一些厂家生产了"雪靴"，安装在三脚架上可以防止脚架陷入雪或沙子中。如果没有雪靴，也可以自制三脚架的"靴子"，比如平坦的石块、旧碗碟或屋顶的砖瓦等都可以。

○ 扁平状的"雪靴"可以防止脚架陷入沙地或雪地中

用快门线控制拍摄获得清晰的画面

在拍摄长时间曝光的题材时，如夜景、慢速流水、车流，如果希望获得极为清晰的照片，只有三脚架支撑相机是不够的。因为直接用手去按快门按钮拍摄，还是会造成画面模糊。这时，快门线便派上用场了。使用快门线就是为了尽量避免直接按下机身快门按钮时可能产生的震动，以保证拍摄时相机保持稳定，从而获得更清晰的画面。

○ MC-36 快门线

将快门线与相机连接后，可以半按快门线上的快门按钮进行对焦，完全按下快门进行拍摄。但由于不用触碰机身，因此在拍摄时可以避免相机的抖动。如尼康 Z8 相机可以使用型号为 MC-36/MC-36A 的快门线。

40mm F10 8s ISO100

○ 在拍摄慢门题材时，使用快门线控制相机拍摄，可以减少画面模糊的概率

用定时自拍避免相机震动

微单相机都提供了自拍模式，在自拍模式下，当摄影师按下快门按钮后，自拍定时指示灯会闪烁并且发出提示声音，然后相机将于所设定的时间后自动拍摄。

如设置为 2s 自拍模式，那么会在按下快门按钮 2s 后，才开始释放快门并曝光，因此可以将手部动作造成的震动降至最低，从而得到画面清晰的照片。

自拍模式适用于自拍或合影，摄影师可以预先取好景，并设定好对焦，然后按下快门按钮，在 10s 内跑到自拍处或合影处，摆好姿势等待拍摄便可。

定时自拍还可以在没有三脚架或快门线的情况下，拍摄长时间曝光的题材，如星空、夜景、雾化的水流、车流等题材。

18mm F16 2s ISO100

○ 在没有三脚架的情况下想拍出雾化的水流照片时，可以将相机的驱动模式设置为 2 秒自拍模式。然后将相机放置在稳定的地方进行拍摄，也可以获得清晰的画面

第6章
人像摄影题材实战技法

7 步拍出逆光小清新人像

小清新人像以高雅、唯美为特点，表现出了一些年轻人的审美情趣，而成为热门人像摄影风格。当小清新碰上逆光，会让画面显得更加唯美，很多户外婚纱照及写真都是这类风格。

逆光小清新人像的主要拍摄要点有：（1）模特的造型、服装搭配；（2）拍摄环境的选择；（3）拍摄时机的选择；（4）准确测光。掌握这几个要点就能够轻松拍好逆光小清新人像，下面将进行详细讲解。

1. 选择淡雅服装

选择颜色淡雅、质地轻薄带点层次的服饰，同时还要注意鞋子、项链、帽子配饰的搭配。模特妆容以淡妆为宜，发型则以表现出清纯、活力的一面为主。总之，以能展现少女风为原则。

85mm F2.2 1/320s ISO100

○ 以绿草地为背景，侧逆光拍摄，照射在模特身上，形成唯美的轮廓光，画面非常简洁、自然

50mm F2.8 1/1250s ISO200

○ 模特身着白裙子，与侧逆光形成的暖色调非常和谐

2. 选择合适的拍摄地点

可以选择如公园花丛、树林、草地、海边等比较清新、自然的环境作为拍摄地点。在拍摄时，可以利用花朵、树叶、水的色彩来营造小清新感。

3. 如何选择拍摄时机

一般逆光拍摄小清新人像的最佳时间是，夏天为下午四点半到六点半，冬天为下午三点半到五点，这个时间段的光线比较柔和，能够拍出干净、柔和的画面。同时还要注意空气的通透度，如果是雾蒙蒙的，则拍摄出来的效果不佳。

4. 构图

在构图时注意选择简洁的背景，背景中不要出现杂乱的物体，并且背景中的颜色也不要太多，否则会显得太乱。

树林、花丛既可以用作背景，也可以用作前景，通过虚化来增加画面的唯美感。

5. 设置曝光参数

将拍摄模式设置为光圈优先模式，设置光圈值为 F1.8 ~ F4，以获得虚化的背景。感光度设置在 ISO100 ~ ISO200，以获得高质量的画面。

85mm F5 1/640s ISO100

○ 以树林为拍摄地点，再配合花环、花束等元素，使画面呈现出清新、自然的效果

6. 对人物进行补光及测光

逆光拍摄时，人物会显得较暗，此时需要使用银色反光板摆在人物的斜上方对人脸进行补光（如果是暖色的夕阳光，则使用金色反光板），以降低人脸与背景光的反差比。

将测光模式设置为中央重点测光模式，靠近模特或拉近镜头，以脸部皮肤为测光区域半按快门进行测光，得到数据后按下曝光锁定按钮来锁定曝光。

○ 金色和银色反光板

7. 重新构图并拍摄

在保持按下曝光锁定按钮的状态下，通过改变拍摄距离或焦距重新构图，并对人物半按快门对焦，对焦成功后按下快门进行拍摄。

> 提示：建议使用RAW格式存储照片，这样即使在曝光方面有点不理想，也可以很方便地通过后期进行优化。

85mm F2.2 1/320s ISO100

○ 模特身着青春感强烈的裙子，双手捧着鲜花，简简单单的摆姿，让画面更为自然

6 步拍好阴天环境人像

阴天环境下的光线比较暗，容易导致人物缺乏立体感，这也是很多摄影爱好者对之望而却步的主要原因。但从另一个角度来说，阴天环境下的光线非常柔和，一些本来会产生强烈反差的景物，此时在色彩及影调方面也会变得丰富起来。可以将阴天视为阳光下的阴影区域，只不过环境要更暗一些，但采取一些解决措施还是能够拍出好作品的。

1. 使用大光圈拍摄

由于环境光线较暗，需要使用大光圈值拍

提示：如果在拍摄时实在无法把握曝光参数，那么宁可让照片略有些欠曝，也不要曝光过度。因为在阴天情况下，光线的对比不是很强烈，略微欠曝不会出现"死黑"的情况，可以通过后期处理进行恢复（会产生噪点）。

摄以保证曝光量，推荐使用光圈优先模式，设置光圈值为 F1.8 ~ F4（根据镜头所能达到的光圈值而设定）。

2. 注意安全快门和防抖

如果已经使用了镜头的最大光圈值，仍然达不到安全快门的要求，此时可以适当调高 ISO 感光度数值，可以设置为 ISO200 ~ ISO500，如果镜头支持，还可以打开防抖功能。必要时可以使用三脚架保持相机稳定。

100mm F2.8 1/200s ISO125

◯ 在阴天柔和的光线下拍摄时，利用反光板补光，使模特的皮肤显现得非常娇嫩

3. 恰当构图以回避瑕疵

阴天时的天空通常比较昏暗、平淡，因此在拍摄时应注意尽量避开天空，以免拍出一片灰暗的图像或曝光过度的纯白图像，影响画面质量。

135mm F2.5 1/400s ISO100

◐ 拍摄第一张照片时，由于地面与天空的明暗差距大，因此画面中的天空部分苍白一片。拍摄第二张照片时降低了拍摄角度，避开了天空，仅以地面为背景，得到整体层次细腻的画面

4. 巧妙安排模特着装与拍摄场景

阴天时环境比较灰暗，因此最好让模特穿上色彩比较鲜艳的衣服，而且在拍摄时应选择相对较暗的背景，这样会使模特的皮肤显得更白嫩。

50mm F2.5 1/500s ISO100

◐ 身着枚红色衣服的女孩显得娇俏动人

5. 用曝光补偿提高亮度

无论是否打开闪光灯，都可以尝试增加曝光补偿，以增强照片的亮度。

6. 切忌曝光过度

如果画面曝光过度，在层次本来就不是很明显的情况下，可能会产生完全"死白"的情况，这样的区域在后期处理中也无法恢复。

35mm F4 1/160s ISO250

○ 由于阴天的光线较暗，因此在拍摄时增加了曝光补偿，得到的画面中女孩的皮肤看起来更加白皙、细腻

○ 在拍摄时稍微"欠曝"一点，可以通过后期调整提亮画面，这样能减少细节损失

50mm F3.2 1/200s ISO125

7 步拍出动感的跳跃人像

单纯地与景点或同伴合影，已经显得不够新颖了，年轻人更喜欢创新的拍摄形式，跳跃照就是其中之一。在拍摄跳起来的照片时，如果看到别人的画面都很精彩，而自己的照片感觉跳得很低，甚至像"贴"在地面上一样，不要怪自己或同伴不是弹跳高手，其实这是拍摄角度的问题，只要改变拍摄的角度，马上能够拍出一张"跳跃云端"的画面。

1. 选择合适的拍摄角度

拍摄时摄影师要比跳跃者的角度低一点，这样才会显得跳跃者跳得很高。

千万注意不可以以俯视角度拍摄，这样即使被拍摄者跳得很高，拍摄出来的效果也像没跳起来一样。

2. 模特注意事项

被拍摄者在跳跃前，应该稍微侧一下身体，

以 45° 角面对相机。在跳跃时，小腿应该向后收起来，这样相比小腿直直地跳，感觉上会跳得高一点。当然，也可以自由发挥跳跃的姿势，总体原则以腿部向上或水平方向伸展为宜。

3. 构图

构图时，画面中最好不出现地面，这样可以让观赏者猜不出距离地面究竟有多高，就能给人一种很高的错觉。

需要注意的是，不管是横构图还是竖构图，都要在画面的上方、左右留出一定的空间，否则模特起跳后，有可能身体会跃出画面。

○ 以俯视角度拍摄，可以看出跳跃效果不佳

○ 拍摄者躺在地上，以超低角度拍摄

○ 构图时预留的空间不够，导致模特的手伸出画面之外了

4. 设置连拍模式

跳起来的过程只有 1~2 秒钟，必须采用连拍模式拍摄。将相机的释放模式设置为连拍。

5. 设置拍摄模式和感光度

由于跳跃时人物是处于运动状态下，所以适合使用快门优先模式拍摄。为了保证人物动作被拍摄清晰，快门速度最低要设置到 1/500s，越高的快门速度效果越好。感光度则要根据测光来决定，在光线充足的情况下设置为 ISO100~ISO200 即可。如果测光后快门速度达不到 1/500s，则要增加 ISO 感光度值，直至达到所需的快门速度为止。

6. 设置对焦模式和测光模式

将对焦模式设置为连续伺服自动对焦模式；将自动对焦区域模式设置为自动区域模式即可。

在光线均匀的情况下，将测光模式设置为矩阵测光，如果是拍摄剪影类的跳跃照，则设置为点测光。

7. 拍摄

拍摄者对场景构图后，让模特就位，在模特静止的状态下，半按快门进行一次对焦，然后喊"一、二、三跳"，在"跳"字出口的瞬间，模特要起跳，拍摄者则按下快门不放进行连续拍摄。完成后回看照片，查看照片的对焦、取景、姿势及表情是否达到预想的效果，如果效果不佳，可以再重拍，直至满意为止。

50mm F6.3 1/250s ISO100

○ 两个女孩手拉手一起起跳，甜美的笑容及学生服饰的衬托，画面非常有青春感

18mm F5.6 1/800s ISO100

○ 模特手持雨伞起跳，仿佛人被伞带着飞起来一样，画面非常有趣

6 步在日落时拍好人像

很多摄影爱好者都喜欢在日落时分拍摄人像，但却很少有人能够拍好。日落时分拍摄人像主要是拍成两种效果，一种是人像剪影的画面效果，另一种是人物与天空都曝光合适的画面效果，下面介绍详细的拍摄步骤。

1. 选择纯净的拍摄位置

拍摄日落人像照片，应选择空旷无杂物的环境，取景时避免天空或画面中出现杂物，这一点对于拍摄剪影人像效果尤为重要。

2. 设置小光圈拍摄

将相机的拍摄模式设置为光圈优先模式，并设置光圈值为 F5.6 ~ F10 的中、小光圈值。

3. 设置低感光度值

日落时分，天空中的光线强度足够满足画面曝光需求，因此感光度要设置为 ISO100 ~ ISO200，以获得高质量的画面。

4. 设置点测光模式

不管是拍摄剪影人像效果，还是人景都曝光合适的画面，都要使用点测光模式进行测光。以相机的点测光圈对准夕阳旁边的天空测光（拍摄人景都曝光合适的，需要在关闭闪光灯的情况下测光），然后按下曝光锁定按钮锁定画面曝光。

135mm F6.3 1/800s ISO100

○ 针对天空进行测光，将前景的情侣处理成剪影效果，在简洁的天空衬托下，情侣显得非常突出

5. 重新构图并拍摄

如果是拍摄人物剪影效果，可以在保持按下曝光锁定按钮的状态下，通过改变焦距或拍摄距离重新构图，并对人物半按快门对焦，对焦成功后按下快门进行拍摄。

6. 对人物进行补光并拍摄

如果是拍摄人物和景物都曝光合适的画面效果，在测光并按下曝光锁定按钮后，重新构图并打开外置闪光灯，设置为高速同步闪光模式，半按快门对焦，完全按下快门进行补光拍摄。

> 提示：在步骤6中，需要使用支持闪光同步功能的外置闪光灯拍摄，因为对天空测光所得到的快门速度必然会高于相机内置闪光灯或普通闪光灯的同步速度。如果购有外置闪光灯柔光罩，可在拍摄时将柔光罩安装上，以柔化闪光效果。

17mm F8 1/250s ISO250

○ 绚丽的火烧云与女孩桀骜的气质十分相符

9 步拍好夜景人像

也许不少摄影初学者在提到夜景人像的拍摄时，首先想到的就是使用闪光灯。拍摄夜景人像的确要使用闪光灯，但也不是仅仅使用闪光灯如此简单，要拍好夜景人像还得掌握一定的技巧。

1. 拍摄器材与注意事项

拍摄夜景人像照片，在器材方面可以按照下面所介绍的进行准备。

（1）镜头。适合使用大光圈定焦镜头拍摄，大光圈镜头的进光量多，在手持拍摄时比较容易达到安全快门速度。另外，大光圈镜头能够拍出唯美虚化背景效果。

（2）三脚架。由于快门速度较慢，必须使用三脚架稳定相机拍摄。

（3）快门线或遥控器。建议使用快门线或遥控器来控制快门拍摄，避免手指按下快门按钮时相机震动而出现画面模糊现象。

（4）外置闪光灯。能够对画面进行补光拍摄，相比内置闪光灯，可以更灵活地进行布光。

（5）柔光罩。将柔光罩安装在外置闪光灯上，可以让闪光光线变得柔和，以拍出柔和的人像照片。

（6）模特服饰方面，应避免穿着深色的服装，否则模特容易与环境融为一体，使画面效果不佳。

◯ 尼康大光圈定焦镜头　◯ 安装上外置闪光灯后示例

◯ 外置闪光灯的柔光罩

◯ 虽然使用大光圈将背景虚化，可以很好地突出人物主体，但由于人物穿的是黑色服装，很容易融进暗夜里

70mm F2.8 *1/100s ISO200

◯ 使用闪光灯拍摄夜景人像时，设置了较低的快门速度，得到的画面中背景变亮，看起来更美观

2. 选择适合的拍摄地点

适合选择环境较亮的地方，这样拍摄出来的夜景人像的夜景氛围会比较明显。

如果拍摄环境光补光的夜景人像照片，则应选择有路灯、大型的广告灯箱、商场橱窗等地点，通过靠近这些物体发出的光亮来对模特脸部补光。

3. 使用大光圈拍摄

将拍摄模式设置为光圈优先模式，并设置光圈值为 F1.2 ~ F4 的大光圈，以虚化背景，这样夜幕下的灯光可以形成唯美的光斑效果。

4. 设置感光度数值

利用环境灯光对模特补光的话，通常需要提高感光度数值，来使画面获得标准曝光和达到安全快门。建议设置在 ISO400 ~ ISO1600 之间（高感较好的相机可以适当提高感光度。此数值范围基于手持拍摄，使用三脚架拍摄时可适当降低）。

而如果是拍摄闪光夜景人像，将感光度设置在 ISO100 ~ ISO200，以获得较慢的快门速度（如果测光后得到的快门速度低于 1s，则要提高感光度数值）。

5. 设置测光模式

如果是拍摄环境光补光的夜景人像，适合使用中央重点测光模式，对人脸半按快门进行测光。

如果是拍摄闪光夜景人像，则使用矩阵测光模式，对画面整体进行测光。

35mm F2.8 1/60s ISO500

○ 使用中央重点测光模式对人脸进行测光，使人物面部得到准确曝光

6. 设置闪光同步模式

将相机的闪光模式设置为慢同步＋红眼或后帘同步模式，以使人物与环境都得到合适的曝光。

7. 设置闪光控制模式

如果是拍摄闪光夜景人像，则需要在闪光控制模式菜单中设置为 TTL 选项。

8. 设置对焦和对焦区域模式

将对焦模式设置为单次伺服自动对焦模式，自动对焦区域模式设置为单点，在拍摄时使用单个自动对焦点对人物眼睛进行对焦。

9. 设置曝光补偿或闪光补偿

设定好前面的所有参数后，可以试拍一张，然后查看曝光效果，通常需要再进行曝光补偿或闪光补偿操作。

在拍摄环境光的夜景人像照片时，一般需要再适当增加 0.3 ~ 0.5EV 的曝光补偿。在拍摄闪光夜景人像照片时，由于是对画面整体测光，通常会存在偏亮的情况，因此需要适当减少 0.3 ~ 0.5EV 的曝光补偿。

50mm F4.5 1/80s ISO200

○ 使用后帘同步闪光模式拍摄，可以使背景模糊而人物清晰，由于运动生成的光线拖尾在实像后面，看上去更加真实自然

5 步拍出趣味创意人像

照片除了拍得美，还可以拍得有趣，这就要求摄影师对眼前事物有独到的观察能力，以便抓住生活中出现的也许是转瞬即逝的趣味巧合，还要积极发挥想象力，发掘出更多的创意构图。

具体拍摄时，可以利用借位拍摄、改变拍摄方向和视角等手段，去发现、寻找具有创意趣味性的构图。

1. 设置拍摄参数

推荐使用光圈优先模式拍摄，将光圈设置为 F5.6 ~ F16 的中等光圈或小光圈，以使人物和被错位景物都拍摄清晰。将感光度设置为 ISO100 ~ ISO200。

2. 寻找角度

拍摄错位照片时，找对角度是一个很重要的环节。在拍摄前，需要指挥被拍摄者走位，以便与被错位景物融合起来。当被拍摄者走位差不多时，由拍摄者来调整位置或角度，这样会更容易达到精确融合。

3. 设置测光模式

在光线均匀的情况下，使用矩阵测光模式即可。如果是拍摄如右图这样的效果，则设置为点测光模式。半按快门测光后，注意查看快门速度是否达到安全快门，如未达到，则需要更改光圈或感光度值。

4. 设置对焦模式

如果是拍摄大景深效果的照片，将对焦模式设置为单次伺服自动对焦模式，自动对焦区域设置为自动区域模式即可。如果是拍摄利用透视关系形成的错位照片，如"手指拎起人物"这样的照片，则将自动对焦区域模式设置为单点，对想要清晰表现的主体进行对焦。

5. 拍摄

所有参数都设置好后，半按快门对画面对焦，对焦成功后，按下快门拍摄。

200mm F8 1/640s ISO200

○ 男士单膝跪地，手捧太阳，仿佛要把太阳作为礼物送给女士的模样，逗得女士开心不已，画面十分生动、有趣

8 步拍好活泼儿童

对于儿童来说，适合进行拍摄的状态可能稍纵即逝，摄影师必须提高单位时间内的拍摄效率，才可能从大量照片中选择出优秀的照片。

因此，拍摄儿童最重要的原则是拍摄动作快、拍摄数量多、构图变化多样。

1. 拍摄注意事项

如果拍摄的是婴儿，应选择在室内光线充足的区域拍摄，如窗户前。如果室内光线偏暗，可以打开照明灯补光，切不可开启闪光灯拍摄，这样容易伤害到孩子的眼睛。

如果拍摄大一点的儿童，则拍摄地点选择在室内或室外均可。在室外拍摄时，适合使用顺光或在散射光下拍摄。

2. 善用道具与玩具

道具可以增加画面的情节，并营造出生动、活泼的气氛。道具可以是一束鲜花，也可以是篮子、吉他、帽子等。

另一类常用的道具就是玩具。当儿童看见自己感兴趣的玩具时，自然会流露出好玩的天性，在这种状态下，拍摄的效果比摆拍的效果更加自然、生动。

3. 拍摄角度

以孩子齐眉高度平视拍摄为佳，这样拍摄出来的画面比较真实、自然。不建议使用俯视的角度拍摄，这样拍摄出来的画面中儿童会显得很矮，并且容易出现头大脚小的变形效果。

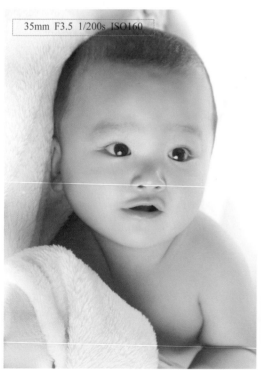

35mm F3.5 1/200s ISO160

○ 拍摄比较小的儿童时，一般利用自然光对其进行补光

85mm F2 1/320s ISO100

○ 以平视角度拍摄儿童，得到了自然的画面

4. 设置拍摄参数

推荐使用光圈优先模式，光圈可以根据拍摄意图灵活设置，参考范围为 F2.8 ~ F5.6 之间，将感光度设置为 ISO100 ~ ISO200。

需要注意的是，设置曝光参数时要观察快门速度值。如果是拍摄相对安静的儿童，快门速度应保持在 1/200s 左右；如果是拍摄运动幅度较大的儿童，快门速度应保持在 1/500s 或以上。如果快门速度达不到，则需要调整光圈或感光度值。

5. 设置对焦模式

儿童动静不定，因此适合将对焦模式设置为 AF-C 连续伺服自动对焦。

6. 设置释放模式

儿童的动作与表现变化莫测，除了快门速度要保持较高的数值，还需要将释放模式设置为连拍模式，以便随时抓拍。

7. 设置测光模式

推荐使用中央重点测光模式，半按快门对准儿童脸部进行测光。确认曝光参数合适后按下曝光锁定按钮锁定曝光，然后只要在光线、画面明暗对比没有太大变化的情况下，保持按住曝光锁定按钮的状态，可以以同一组曝光参数拍摄多张照片。

8. 设置曝光补偿

在拍摄时，可以在正常的测光数值的基础上，适当增加 0.3 ~ 1 挡的曝光补偿。这样拍摄出的画面显得更亮、更通透，儿童的皮肤也会更加粉嫩、细腻、白皙。

85mm F2.8 1/400s ISO100

○ 利用玩具不仅可以吸引孩子的注意力，还可以用来美化画面

第7章

风光摄影题材实战技法

山景的拍摄技巧

逆光下 5 步拍出漂亮的山体轮廓线

逆光拍摄景物时，画面会形成很强烈的明暗对比，此时如果以天空为曝光依据，可以将山处理成剪影形式，下面讲解一下详细的拍摄步骤。

1. 构图和拍摄时机

既然是表现山体轮廓线，在取景时就要注意选择比较有线条感的山体。通常山景的最佳拍摄时间是日出日落前后，在构图时可以纳入天空的彩霞来美化画面。

需要注意的是，应避免画面中纳入太阳，这样做的原因是：（1）太阳周围光线太强，高光区域容易曝光过度；（2）太阳如果所占的比例过大，会抢走主体的风采。

2. 拍摄器材

适合使用广角镜头或长焦镜头拍摄，在使用长焦镜头拍摄时，需要使用三脚架或独脚架增强拍摄的稳定性。由于是逆光拍摄，因此镜头上最好安装遮光罩，以防止出现炫光。

3. 设置拍摄参数

设置拍摄模式为光圈优先模式，光圈值设置为 F8 ~ F16，感光度设置为 ISO100 ~ ISO400，以保证画面的高质量。

35mm F16 1/80s ISO400

○ 在逆光光线下，呈剪影效果的山体线条明朗，其连绵起伏的形体给人一种艺术美感

4. 设置对焦与测光模式

将对焦模式设置为单次伺服自动对焦模式，自动对焦区域模式设置为单点；将测光模式设置为点测光模式，然后将相机的点测光圈（即以所选对焦点为中心约 4mm 直径圈）对准天空较亮的区域半按快门进行测光，确定所测得的曝光组合参数合适后，按下曝光锁定按钮锁定曝光。

5. 对焦及拍摄

保持按下曝光锁定按钮的状态，使相机的对焦点对准山体与天空的接壤处，半按快门进行对焦。对焦成功后，按下快门进行拍摄。

提示：在拍摄时使用侧逆光拍摄，不但可以拍出山体的轮廓线，而且画面会更有明暗层次感。

50mm F18 1/80s ISO100

○ 逆光下，山体的线条感被表现出来了，适当减少曝光补偿，使画面变得有神秘感

50mm F8 1/100s ISO320

○ 在侧逆光光线下，层峦叠嶂的山峰被表现为半剪影的效果，而在少许雾气的影响下，光线则呈现出线条感，画面如中国画般唯美大气

利用前景让山景画面活起来

在拍摄各类山川风光时，经常会遇到这样的问题，如果单纯地拍摄山体总感觉有些单调，这时如果能在画面中安排前景，以其他景物如动物、树木等作为陪衬，不但可以使画面显得富有立体感和层次感，而且可以营造出不同的画面气氛，大大增强了山川风光作品的表现力。

如果有野生动物的陪衬，山峰会显得更加幽静、安逸，具有活力感，同时也增加了画面的趣味等；如果在山峰的上端适当留出空间，使它在蓝天白云的映衬之下，会给人带来更深刻的感受。

35mm F10 1/400s ISO100

○ 利用花海作为前景，衬托远方巍峨的雪山，一方面可以突出山峦的雄伟，另一方面也可以使画面层次更丰富

24mm F13 1/200s ISO400

○ 利用枯黄的树林作为雪山的前景，画面直观地表现出了深秋时的美丽景象

水景的拍摄技巧

利用前景增强水面的纵深感

在拍摄水景时，如果没有参照物，不太容易体现水面的空间纵深感。因此在取景时，应该注意在画面的近景处安排树木、礁石、桥梁或小舟，这样不仅能够避免画面单调，还能够通过近大远小的透视对比效果，表现出水面的开阔感与纵深感。

在拍摄时应该使用镜头的广角端，这样能使前景处的线条被夸张化，以增强画面的透视感、空间感。

20mm F7.1 30s ISO100

○ 低速快门所形成的水流线条，在广角镜头的作用下，形成透视牵引构图，增强了画面的纵深感

24mm F10 1s ISO200

○ 前景中纵向的岩石不仅丰富了单调的海景，还增加了画面的空间感

5 步拍出丝滑的水流效果

使用低速快门拍摄水面，是水景摄影的常用技巧，不同的低速快门能够使水面表现出不同的美景，中等时间长度的快门速度能够使水面呈现丝般的水流效果，如果时间更长一些，就能够使水面产生雾化效果，为水面赋予特殊的视觉魅力。下面讲解一下详细的拍摄步骤。

提示：如果在拍摄前忘记携带三脚架和快门线，或者是临时起意拍摄低速水流，则可以在拍摄地点周围寻找可供相机固定的物体，如岩石、平整的地面等，将相机放置在这类物体上，然后将驱动模式设置为自拍模式并设置延迟时间为2秒，来减少相机抖动。

1. 使用三脚架和快门线拍摄

拍摄丝滑水面是低速摄影题材，手持相机拍摄的话，很容易使画面模糊，因此，三脚架是必备的附件器材，并且最好使用快门线，以避免直接按下快门按钮时产生震动。

2. 设置拍摄参数

推荐使用快门优先曝光模式，以便设置快门速度。快门速度可以根据拍摄水景和效果来设置，如果是拍摄海面，需要设置到 1/20s 或更慢；如果是拍摄瀑布或溪水，需要设置到 1/5s

18mm F22 0.6s ISO100

○ 利用中灰镜减少进光量，使瀑布变成了丝绸般的顺滑效果或更慢。如果将快门速度设置到 1.5s 或更慢，则会将水流拍摄成雾化效果。

将感光度设置为相机支持的最低感光度值（ISO100 或 ISO50），以降低镜头的进光量。

3. 使用中灰镜减少进光量

如果已经设置了相机的极限参数组合，画面仍然曝光过度，则需要在镜头前加装中灰镜来减少进光量。

先根据测光所得出的快门速度值，计算出与目标快门速度值相差几倍，然后选择相对应倍数的中灰镜安装到镜头上即可。

O 肯高 ND4 中灰镜 (52mm)

4. 设置对焦和测光模式

将对焦模式设置为单次伺服自动对焦模式，自动对焦区域模式设置为自动区域模式，测光模式设置为矩阵测光模式。

5. 拍摄

半按快门按钮对画面进行测光和对焦，在确认得出的曝光参数能获得标准曝光后，完全按下快门按钮进行拍摄。

18mm F14 1/2s ISO100

O 使用小光圈结合较低的快门速度，将流动的海水拍摄成了丝线般的效果

32mm F16 3s ISO100

O 在低速快门的作用下，瀑布如白色丝绸般柔滑

7 步拍出波光粼粼的金色水面

波光粼粼的金色水面是常拍摄的水景画面，被阳光照射的水面，画面显得非常耀眼。拍摄此类场景的技巧很简单：（1）日出日落时拍摄；（2）逆光；（3）使用小光圈；（4）恰当的白平衡设置。

1. 拍摄时机

表现波光粼粼的金色水面要求光线位置较低，并且需要采用逆光拍摄，通常在清晨太阳升出地平线后或者傍晚太阳即将下山时拍摄，才能达到良好的效果。

2. 构图

既然水面是主体，那么在构图时适合使用高水平线的构图形式，以凸显水面波光粼粼的效果。如果以俯视角度拍摄，可以获得大面积的水面波光画面；如果使用平视角度拍摄，则会获得长长的水面波光条，这样可以增强画面的纵深感。另外，在构图时可以适当纳入前景或水上景物，如船只、水鸟、人物等，并将它们处理为剪影的形式，来增强画面的明暗对比。

3. 设置拍摄参数

将拍摄模式设置为光圈优先模式，并将光圈值设置在 F8 ~ F16 之间，使用小光圈拍摄，能够使水面形成星芒，从而增强波光粼粼的效果。将感光度设置为 ISO100 ~ ISO400。

300mm F8 1/1000s ISO200

○ 逆光时，阳光洒在水面上，形成长长的波光条，使得画面非常有纵深感

4. 设置白平衡模式

为了强调画面的金色效果，可以将白平衡模式设置为阴天或背阴模式；也可以手动选择色温值到 6500 ~ 8500K 之间。

5. 设置曝光补偿

如果波光在画面中的面积较小，要适当减少 0.3 ~ 0.7EV 的曝光补偿；如果波光在画面中的面积较大，要适当增加 0.3 ~ 0.7EV 的曝光补偿，以弥补反光过高对曝光数值的影响。

6. 设置测光模式

将测光模式设置为点测光模式，以相机的点测光圈对准水面反光的边缘处半按快门进行测光，确定得出的曝光数值无误后，按下曝光锁定按钮来锁定曝光。

7. 拍摄

保持按下曝光锁定按钮的状态，半按快门对画面进行对焦，对焦成功后，按下快门进行拍摄。

200mm F8 1/2000s ISO100

○ 增加曝光补偿后，画面中波纹的效果更加明显，金色的波纹和水面上的船只将日落黄昏时分的静谧气氛表现得很好，而降低拍摄角度，纳入天空中的飞鸟则打破了这种宁静，为画面增添了生机

雪景的拍摄技巧

3 步拍出洁白的漂亮雪景

雪景是摄影爱好者常拍的风光题材之一，但大部分初学者在拍摄雪景后，会发现自己拍的雪景不够白，有灰蒙蒙的感觉，其实只要掌握曝光补偿的技巧，即可还原雪景的纯白。

1. 如何设置曝光参数

雪景适合使用光圈优先模式拍摄，如果想拍摄大场景的雪景照片，可以将光圈值设置在 F8 ～ F16 之间；如果是拍摄浅景深的特写雪景照片，可以将光圈值设置在 F2 ～ F5.6 之间。在光线充足的情况下，感光度设置在 ISO100 ～ ISO200 即可。

2. 设置测光模式

将测光模式设置为矩阵测光，针对画面整体测光。

3. 设置曝光补偿

在保证不会曝光过度的同时，可根据白雪在画面中所占的比例，适度增加 0.7 ～ 2EV 曝光补偿，从而如实地还原白雪的明度。

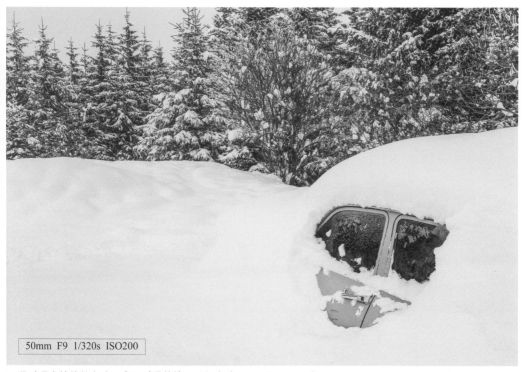

50mm F9 1/320s ISO200

○ 通过曝光补偿的方式，在不过曝的情况下如实地还原了白雪的明度，画面给人清新、自然的感觉

7 步拍出飞舞的雪花渲染意境

在下雪的天气中进行拍摄，无数的雪花纷纷落下，将其纳入画面中可以增加画面的生动感。在拍摄这类雪景照片时，要点是注意快门速度的设置。

1. 拍前注意事项

拍摄下雪时的场景，首要注意的事项就是保护好相机的镜头，不要被雪花打湿而损坏设备。在拍摄时，可以在镜头上安装遮光罩，以挡住雪花不让它落在镜面上，然后可以用防寒罩将相机和镜头机身保护起来。如果没有防寒罩，最简单的方法就是用塑料袋套上。

2. 设置拍摄参数

设置拍摄模式为快门优先模式，根据想要的拍摄效果来设置快门速度，如果将快门速度设置在 1/15 ~ 1/40s，可以使飘落的雪花以线条的形式出现在画面中，以增加画面的生动感；如果将快门速度设置在 1/60 ~ 1/250s 之间，则可以将雪花呈现为短线条或凝固在画面中，这样可以体现出大雪纷飞的氛围。感光度可以根据测光来自由设置，在能获得满意光圈的前提下，数值越低越好，以保证画面质量。

35mm F11 1/125s ISO400

○ 白茫茫的飘雪为画面蒙上了一层朦胧缥缈的意境

> 提示：在快门优先模式下，半按快门对画面进行测光后，要注意查看光圈值是否理想。如果光圈过大或过小不符合当前拍摄需求，需要通过改变感光度数值来保持平衡。

3. 使用三脚架

在使用低速快门拍摄雪景时,手持拍摄时容易导致画面模糊,因此需要将相机安装在三脚架上,并配合快门线拍摄,以获得清晰的画面。

4. 设置测光和对焦模式

设置测光模式为矩阵测光,针对画面整体进行测光;将对焦模式设置为单次伺服自动对焦模式;将自动对焦区域模式设置为单点或自动区域模式。

5. 构图

在取景构图时,注意选择暗色或鲜艳色彩来衬托白雪的景物,如果画面中都是浅色的景物,则雪花效果不够明显。

6. 设置曝光补偿

根据雪景在画面中所占的比例,适当增加 0.5 ~ 2EV 的曝光补偿,以还原雪的洁白。

7. 拍摄

使用单点对焦区域模式时,将单个自动对焦点对准主体,半按快门进行对焦;使用自动选择区域模式时,半按快门进行对焦,听到对焦提示音后,按下快门按钮完成拍摄。

26mm F4 1/160s ISO500

◎ 在较高的快门速度下,雪花被定格在空中,摄影师选择以红墙为背景来衬托雪花,给人以惊艳之美

日出日落的拍摄技巧

6 步拍出霞光万丈

日落时分，天空中霞光万丈的景象非常美丽，是摄影师经常表现的景象。在拍摄这种场景时需要注意以下几个要点。

1. 最佳拍摄时机

雨后天晴或云彩较多的晴天傍晚，容易出现这种霞光万丈的景象，要注意提前观察天气。

2. 设置小光圈拍摄

适合使用光圈优先模式，设置光圈值在 F8 ～ F16 之间。

3. 适当降低曝光补偿

为了更好地记录透过云层穿射而出的光线，可以适当设置 -0.3 ～ -0.7EV 的曝光补偿。

4. 取景构图

在构图时可以适当纳入简洁的地面景物，以衬托天空中的光线，使画面更为丰富。

5. 使用点测光对云彩测光

设置为点测光模式，然后用相机上的点测光圈对准天空中的云彩进行测光。测光完成后按下曝光锁定按钮锁定曝光。

6. 微调构图并拍摄

保持按下曝光锁定按钮的状态下，微调构图，半按快门对景物进行对焦，然后按下快门完成拍摄。

28mm F14 1/1250s ISO100

○ 阳光照射在大地上，枯草也变得闪闪发亮，人物的加入，让画面变得更生动

7 步拍好日出日落景色

在逆光条件下拍摄日出、日落景象时，考虑到景象光比较大，而感光元件的宽容度无法兼顾到景象中最亮、最暗部分的还原，在这种情况下，摄影师大多选择将背景中的天空还原，而将前景处的景象处理成剪影状，增加画面美感的同时，还可营造画面气氛。那么该如何拍出漂亮的剪影效果呢？下面讲解一下详细的拍摄步骤。

1. 寻找最佳拍摄地点

拍摄地点最好是开阔一点的场地，如海边、湖边、山顶等。作为目标剪影呈现的景物，不可以过多，而且要轮廓清晰，避免选择大量重叠的景物。

◎ 此图就是景物选择不恰当，而导致剪影效果不佳

2. 设置小光圈拍摄

将相机的拍摄模式设置为光圈优先模式，设置光圈值在 F8 ~ F16 之间。

3. 设置低感光度数值

日落时的光线很强，因此设置感光度数值在 ISO100 ~ ISO200 即可。

4. 设置照片风格及白平衡

如果是以 JPEG 格式存储照片，那么需要设置优化校准和白平衡。为了获得最佳的色彩氛围，可以将优化校准设置为"风景"模式，白平衡模式设置为"背阴"模式或手动调整色温数值为 6000 ~ 8500K。如果是以 RAW 格式存储照片，则都设置为自动即可。

5. 设置曝光补偿

为了获得更加纯黑的剪影，并且让画面色彩更加浓郁，可以适当设置 −0.3 ~ −0.7EV 的曝光补偿。

70mm F8 1/1000s ISO200

◎ 对天空较亮的区域进行测光并拍摄，使得人物呈现为剪影效果，画面简洁明了

6. 使用点测光模式测光

将相机的测光模式设置为点测光模式，然后以相机上的点测光圈对准夕阳旁边的天空半按快门测光，得出曝光数据后，按下曝光锁定按钮锁住曝光。

需要注意的是，切不可对准太阳测光，否则画面的曝光会太暗；也不可对着剪影的目标景物测光，否则画面的曝光会太亮。

7. 重新构图并拍摄

在保持按下曝光锁定按钮的状态下，通过改变焦距或拍摄距离重新构图，并对景物半按快门对焦，对焦成功后按下快门进行拍摄。

⭕ 测光时太靠近太阳，导致画面整体过暗

⭕ 对着建筑测光，导致画面中的天空过亮

⭕ 针对天空中的较亮部位进行测光，使大树呈现为剪影，与明亮的太阳形成呼应，同时利用水面形成对称，增强了画面的形式美感

50mm F10 1/1250s ISO160

7 步拍出太阳的星芒效果

为了表现太阳耀眼的效果，烘托画面的气氛，增加画面的感染力，可以拍出太阳的星芒效果。但很多摄影爱好者在拍摄时却拍不出太阳的星芒，如何才能拍好呢？接下来详细讲解拍摄操作和要点。

1. 选择拍摄时机

要想把太阳的光芒拍出星芒效果，选择拍摄时机是很重要的。如果是日出时拍摄，应该等太阳跳出地平线一段时间后；而如果是日落时拍摄，则应选择太阳离地平线还有些距离时拍摄，太阳在靠近地平线呈现为圆形状态时，是很难拍出其星芒的。

2. 选择广角镜头拍摄

要想拍出太阳星芒的效果，就需要让太阳在画面中的比例小一些，越接近点状，星芒的效果就越容易出来。所以，适合使用广角或中焦镜头拍摄。

3. 构图

在构图时，可以适当地利用各种景物，如山峰、树枝等遮挡太阳，使星芒效果呈现得更好。

4. 避免炫光

由于在拍摄时太阳还处于较亮的状态，容易在画面中出现炫光，在镜头前加装遮光罩可以有效地避免炫光。

35mm F16 1/250s ISO160

○ 星芒状的太阳将海景点缀得很新颖，拍摄时除了需要设置较小的光圈，还应有一个黑色的衬托物，如画面中的山石

5. 设置曝光参数

将拍摄模式设置为光圈优先模式，设置光圈为 F16 ～ F32，光圈越小，星芒效果越明显。将感光度设置在 ISO100 ～ ISO400 之间，以保持画质。虽然太阳在画面中的比例很小，但也要避免曝光过度，因此适当设置 -0.3～-1EV 的曝光补偿。

6. 对画面测光

设置点测光模式，针对太阳周边较亮的区域进行测光。需要注意的是，由于光圈设置得较小，如果测光后得到的快门速度低于安全快门，则要重新调整光圈或感光度值，确认曝光参数合适后按下曝光锁定按钮锁定曝光。

7. 重新构图并拍摄

在保持按下曝光锁定按钮的情况下微调构图，并对景物半按快门对焦，对焦成功后按下快门进行拍摄。

28mm F18 1/200s ISO250

○ 以小光圈拍摄，并利用植物稍微遮挡太阳，得到星芒效果很明显的照片

提示：设置光圈时不用考虑镜头的最佳光圈，也不用考虑小光圈下的衍射影响画质，毕竟是以拍出星芒为最终目的。如果摄影爱好者购买有星芒镜，则可在镜头前加装星芒镜，以获得星芒的效果。

迷离的雾景

留出大面积空白使云雾更有意境

　　留白是一种独特的构图方式，可以营造唯美的画面效果，使普通的物体在画面中看起来很具有艺术气氛。画面中的留白占多大面积，可根据被摄物本身来决定。

　　留白是拍摄雾景画面时常用的一种构图方式，即通过构图使画面的大部分为云雾或天空，而画面的主体，如树、石、人、建筑、山等，仅在画面中占据相对较小的面积。

　　在构图过程中，注意所选择的画面主体应该是深色或有其他相对亮丽一点色彩的景物，此时雾气中的景物虚实相间，拍摄出来的照片很有水墨画的感觉。

　　在拍摄云海时，这种拍摄手法基本上可以算是必用技法之一，事实证明，的确有很多摄影师利用这种方法拍摄出漂亮的、有水墨画效果的作品。

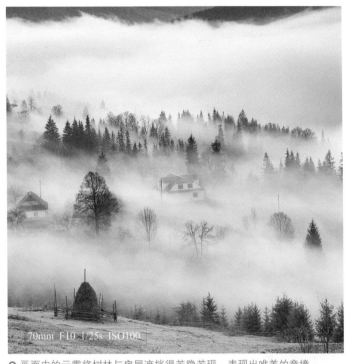

70mm F10 1/25s ISO100

○ 画面中的云雾将树林与房屋遮挡得若隐若现，表现出唯美的意境

400mm F10 1/100s ISO400

○ 利用前景中的羚羊作为陪体，既可以增加画面的生机感，同时也增强了画面的明暗对比

6 步拍好虚实对比的雾景

拍摄云雾场景时要记住，虽然拍摄的是云雾，但云雾在大多数情况下只是陪体，画面中还要有明确、显著的主体，这个主体可以是青松、怪石、大树、建筑，只要这个主体的形体轮廓明显、优美即可。

○ 云雾占画面比例太多，会让人感觉画面不够清晰

1. 构图

前面说过，画面中要有明显的主体，那么在构图时要用心选择和安排这个主体的比例。若整个画面中云雾所占比例太多，而实物纳入得太少，就会使画面感觉像是对焦不准；若是整个画面中实物纳入得太多，又显示不出雾天的特点来。

只有虚实对比得当，在这种反差的衬托下，画面才显得更为缥缈、灵秀。

○ 画面前景处的栅栏占比太多，画面没有雾的朦胧美

2. 设置曝光参数

将拍摄模式设置为光圈优先模式，光圈设置在F4 ~ F11之间，如果手持相机拍摄的话，感光度可以适当设置得高一点，根据曝光需求可以设置在ISO200 ~ ISO640之间，因为，雾天总体来说属于光线较弱的场景。

100mm F8 1/160s ISO400

○ 拍摄时将山石与树木放置在画面左侧，右侧留白用以表现雾气，一明一暗形成了强烈的对比，使画面得到均衡的同时，将雾气的缭绕与朦胧感表现出来

3. 对焦模式

将对焦模式设置为单次伺服自动对焦模式，自动对焦区域模式设置为单点，在拍摄时使用单个自动对焦点对实物的主体进行对焦（即对准树、怪石、建筑），能够提高对焦成功率。

如果相机实在难以自动对焦成功，则可切换为手动对焦模式，边看液晶显示屏边拧动对焦环，直至景物呈现为清晰状态。

4. 测光

将测光模式设置为矩阵测光模式，对画面半按快门进行测光。测光后注意观察液晶显示屏中显示的曝光参数，如果快门速度低于安全快门，则要调整光圈或感光度值（如果将相机安装在三脚架上拍摄，则不用更改）。

5. 曝光补偿

根据"白加黑减"原则，可以根据云雾在画面中所占的比例，适当增加 0.3 ~ 1EV 的曝光补偿，使云雾更显洁白。

6. 拍摄

半按快门对画面进行对焦，对焦成功后完全按下快门按钮完成拍摄。

100mm F10 1/320s ISO400

○ 前景处的树木很清晰，越往后由于树木被雾气遮挡而显得越朦胧，烘托出梦幻迷离的画面意境

第8章
其他摄影题材实战技法

拍摄花卉的技巧

6 步拍出逆光花卉的纹理与质感

许多花朵都有不同的纹理与质感，在拍摄这些花朵时不妨使用逆光拍摄，使半透明的花瓣在画面中表现出一种朦胧的半透明感，使观赏者通过视觉感受到质感。

1. 选择合适的拍摄对象

拍摄逆光花朵照片时，应选择那些花瓣较薄且层数不多的花朵，不宜选择花瓣较厚或花瓣层数较多的花卉，否则透光性会比较差。

2. 拍摄角度

由于大部分花卉植株较矮，在逆光拍摄时，必然要使用平视或仰视的角度拍摄，才能获得最佳拍摄效果。

3. 设置拍摄参数

将拍摄模式设置为光圈优先模式，光圈值设置为 F2.5 ~ F5.6 之间（如果使用微距镜头拍摄，则可以使用稍微小一点的光圈值），以虚化背景，凸显主体，感光度设置为 ISO100 ~ ISO200，以保证画面的高质量。

4. 曝光补偿

为了使花朵的色彩更为明亮，可以适当增加 0.3 ~ 0.7EV 的曝光补偿。

17mm F16 1/800s ISO100

○ 采用逆光拍摄，可以很好地表现花瓣的质感和纹理

5. 设置对焦和测光模式

将对焦模式设置为单次伺服自动对焦模式，自动对焦区域模式设置为单点；将测光模式设置为点测光模式，然后用相机的点测光圈对准花朵上的逆光花瓣半按快门进行测光，确定所测得的曝光组合参数合适后，按下曝光锁定按钮锁定曝光。

6. 对焦及拍摄

保持按下曝光锁定按钮的状态，使相机的对焦点对准花瓣或花蕊，半按快门进行对焦，对焦成功后，完全按下快门按钮进行拍摄。

80mm F3.2 1/1600s ISO100

○ 逆光使每朵花都有轮廓光，让画面变得更加唯美

100mm F2.8 1/3200s ISO100

○ 采用逆光角度拍摄可以得到半透明效果的花卉，在暗背景的衬托下，荷花散发着幽幽的宁静之美

7 步拍出露珠鲜花的娇艳感

在早晨的花园、森林中能够发现很多出现在花瓣、叶尖、叶面、枝条上的露珠，在阳光下显得晶莹闪烁、玲珑可爱。拍摄带有露珠的花朵，能够表现出花朵的娇艳与清新的自然感。

1. 拍摄时机

最佳拍摄时机是在雨后或清晨，这时花朵上会有雨滴或露珠，如果没有露珠，也可以用小喷壶对着鲜花喷几下水，人工制造水珠。

2. 拍摄器材

推荐使用微距镜头拍摄，微距镜头能够有效地虚化背景并展现出花卉的细节之美。除此之外，大光圈定焦镜头和长焦镜头也是拍摄花卉时不错的选择。

拍摄露珠花卉画面时，一般景深都比较小，因此拍摄时对相机的稳定性要求较高，所以三脚架和快门线也是必备的器材。

3. 构图

拍摄带露珠的花卉时，应该选择稍微暗一点的背景，这样拍出的水滴才会显得更加晶莹剔透。

4. 设置拍摄参数

将拍摄模式设置为光圈优先模式，光圈值设置为 F2 ~ F5.6 之间（如果使用微距镜头，可以将光圈设置得再小一点），感光度设置为 ISO100 ~ ISO400，以保证画面的细腻。

5. 对焦模式

将对焦模式设置为单次伺服自动对焦模式，自动对焦区域模式设置为单点模式。

50mm F2 1/100s ISO100

○ 娇艳的花瓣被晶莹的露珠所包裹，增加了曝光补偿后的画面中，水珠看起来更加晶莹剔透

6. 测光

将测光模式设置为点测光模式。将相机的点测光圈对准花朵上的露珠半按快门进行测光，得出曝光参数组合后，按下曝光锁定按钮锁定曝光。

7. 对焦及拍摄

保持按下曝光锁定按钮的状态，使相机的对焦点对准花朵上的露珠，半按快门进行对焦，对焦成功后，完全按下快门按钮进行拍摄。

105mm F7.1 1/250s ISO180

○ 使用微距镜头拍摄，花瓣及水珠的细节都被清晰展现出来

105mm F6.3 1/200s ISO100

○ 粉红色的花朵上布满水珠，花朵在水珠的衬托下显得更加艳丽

拍摄昆虫的技巧

逆光或侧逆光表现昆虫

如果要获得明快、细腻的画面效果，可以使用顺光拍摄昆虫，但这样的画面略显平淡。

如果拍摄时使用逆光或侧逆光，则能够通过一圈明亮的轮廓光勾勒出昆虫的形体。

在拍摄蜜蜂、蜻蜓这类有薄薄羽翼的昆虫时，可选择逆光或侧逆光的角度拍摄，还可使其羽翼在深色背景的衬托下显得晶莹剔透，会感觉昆虫更加轻盈，让画面显得更精致。

200mm F7.1 1/250s ISO400

○ 逆光下，蝴蝶的翅膀呈明亮通透的半透明效果，同时，微仰视的角度将蝴蝶展开的翅膀及蝴蝶头部都很好地表现在画面中

突出表现昆虫的复眼

许多昆虫的眼睛都是复眼，即每只眼睛几乎都是由成千上万只六边形的小眼紧密排列组合而成的，如蚂蚁、蜻蜓、蜜蜂等均为具有复眼结构的昆虫。在拍摄这类昆虫时，应该将拍摄的重点放在眼睛上，以使观赏者领略到微距世界中昆虫眼睛的神奇美感。

由于昆虫体积非常小，因此，对眼睛进行对焦的难度很大。为了避免跑焦，可以尝试使用手动对焦的方式，并在拍摄时避免使用大光圈，以免由于景深过小，而导致画面中昆虫的眼睛部分变得模糊。

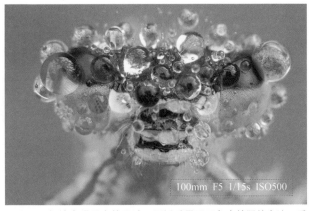

100mm F5 1/15s ISO500

○ 为了更好地表现昆虫的眼睛，可以采用正面角度特写的方法，重点强调突出昆虫的眼睛，使画面具有很强的视觉冲击力

拍摄鸟类的技巧

采用散点构图拍摄群鸟

表现群鸟时通常使用散点构图，既可利用广角表现场面的宏大，也可利用长焦截取部分景色，使鸟群充满画面。

如果拍摄时鸟群正在飞行，则最好将曝光模式设置为快门优先，使高速快门在画面中定格清晰的飞鸟。此外，应该采用高速连拍的方式拍摄多张照片，最后从中选取出飞鸟在画面中分散位置恰当、画面疏密有致的精美照片。

400mm F8 1/2500s ISO400

○ 看似随意的散点式构图，却将鸟群疏密适中、错落有致的队形表现出来，略微仰视的角度以蓝天作为背景衬托，可以使画面看起来更为简洁

采用斜线构图表现动感飞鸟

"平行画面静，斜线有动感。"在拍摄鸟类时，应采用斜线构图法，使画面体现出鸟儿飞行的运动感。

采用这种构图方式拍摄的照片，画面中或明或暗的对角线能够引导观赏者的视线随着线条的指向而移动，从而使画面具有较强的运动感和延伸感。

400mm F5.6 1/320s ISO500

○ 鸟儿展开的翅膀在画面中形成斜线构图

6 步拍出对称式构图的鸟儿

在拍摄水边的鸟类时，倒影是绝对不可以忽视的构图元素，鸟的身体会由于倒影的出现，而呈现一虚一实的对称形态，使画面产生新奇的变化。而水面波纹的晃动，则更使倒影呈现出油画的纹理，从而使照片更具观赏性。

1. 拍摄装备

不管是拍摄野生鸟类还是动物园里的鸟类，都必须使用长焦镜头拍摄。拍摄动物园里的鸟类时，使用焦距在 200 ~ 300mm 的长焦镜头即可；拍摄野生鸟类时则要使用如 300mm、400mm、500mm、600mm 等长焦镜头。

除了镜头，还需要三脚架和快门线，以保证相机在拍摄时的稳定性。

2. 取景

拍摄对称式构图，拍摄对象选择正在休息或动作幅度不大的水鸟为佳。构图时要把鸟儿的倒影完全纳入，最佳方式是实体与倒影各占画面的一半，如果倒影残缺不全，则会影响画面的美感。

除了拍摄单只鸟儿形成的对称式画面，也可以拍摄多只鸟儿的倒影，使画面不仅有对称美，还有韵律美。此外，如果条件允许，还可以在前景处纳入绿植，并将其虚化，使画面更有自然感。

3. 拍摄参数设置

拍摄此类场景时，由于主体的动作幅度不大，因此可以使用光圈优先模式，将光圈设置在 F2.8 ~ F8 之间，将感光度设置在 ISO100 ~ ISO500。

4. 设置对焦和对焦区域模式

将对焦模式设置为单次伺服自动对焦模式，自动对焦区域设置为自动区域模式即可。

300mm F5.6 1/1600s ISO320

○ 两只交颈依偎在一起的天鹅形成了左右对称构图，使画面有美感

5. 测光模式

在光线比较均匀的情况下拍摄时，可以将测光模式设置为矩阵测光，对画面整体测光。

而在光线明暗对比较大的情况下拍摄时，可以将测光模式设置为点测光模式，根据拍摄意图对鸟儿的身体或环境进行测光。

6. 对焦及拍摄

设定好所有参数并调整好构图后，半按快门按钮对主体进行对焦，完全按下快门按钮进行拍摄。

提示：半按快门对画面测光后，要查看取景器中显示的曝光参数，注意快门速度是否达到拍摄鸟儿的标准。即使在拍摄此类场景时，鸟儿的动作通常不大，但也最好确保快门速度能够达到1/400s或以上。另外，还要注意是否提示曝光过度或曝光不足。

200mm F5 1/250s ISO640

○ 选取鸟儿具有特色的局部进行拍摄，加入水面倒影，形成极富趣味的对称式构图，增强了画面的均衡感与形式感

300mm F5.6 1/500s ISO400

○ 摄影师以对称式构图来表现正在休憩的水鸭，绿色的水面恰到好处地凸显了麻褐色的鸭子

拍摄建筑的技巧

逆光拍摄建筑物的剪影轮廓

许多建筑物的外观造型非常美，对于这样的建筑物，在傍晚时分进行拍摄时，如果选择逆光角度，可以拍摄出漂亮的建筑物剪影效果。

具体拍摄时，只需针对天空中的亮处进行测光，建筑物就会由于曝光不足，呈现出黑色的剪影效果。

如果按此方法得到的是半剪影效果，还可以通过降低曝光补偿使暗处更暗，建筑物的轮廓外形就会更明显。

在使用这种技法拍摄建筑时，建筑的背景应该尽量保持纯净，最好以天空为背景。

如果以平视的角度拍摄，若背景中出现杂物，如其他建筑、树枝等，可以考虑采用仰视的角度拍摄。

100mm F8 1/1000s ISO100

○ 使用点测光模式对准天空亮处测光，得到呈剪影效果的建筑

拍出极简风格的几何画面

在拍摄建筑时，有时在画面中展现的元素很少，这样反而会使画面呈现出更加令人印象深刻的视觉效果。在拍摄建筑，尤其是现代建筑时，可以考虑只拍摄建筑的局部，利用建筑自身的线条和形状，使画面呈现强烈的极简风格与几何美感。

需要注意的是，如果画面中只有数量很少的几个元素，在构图方面需要非常精确。另外，在拍摄时要大胆利用色彩搭配技巧，增加画面的视觉冲击力。

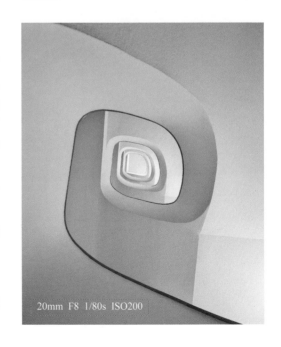

20mm F8 1/80s ISO200

○ 选择具有曲线美的楼梯拍摄，画面既简洁又有形式美感

在弱光下 7 步将建筑精美的内饰拍清晰

除了拍摄建筑的全貌和外部细节，有时还应该进入其内部拍摄，如歌剧院、寺庙、教堂等建筑物内部都有许多值得拍摄的壁画或雕塑。

1. 拍摄器材

推荐使用广角镜头或广角端，以镜头带有防抖功能为佳。

2. 设置拍摄参数

推荐使用光圈优先曝光模式，并设置光圈在 F5.6 ~ F10 之间，以得到大景深效果。

建筑室内的光线通常较暗，感光度一般是根据快门速度值来灵活设置，如果快门速度低于安全快门，则可提高感光度以相应地提高快门速度，防止成像模糊。一般设置在 ISO400 ~ ISO1600。

3. 开启防抖功能

在手持相机拍摄时，相机容易抖动，而且快门速度一般不会非常高，容易造成画面模糊，因此，需要开启镜头上的防抖功能来减少画面模糊的概率。

16mm F5 1/40s ISO1250

○ 由于室内光线较暗，为了提高快门速度，设置较高的感光度，使用高 ISO 降噪后得到了精细的画面效果

4. 开启高 ISO 降噪功能

使用高感光度拍摄时，非常容易在画面中形成噪点，高感效果不好的相机噪点更加明显，因此需要开启相机的"高 ISO 降噪"功能。

5. 设置测光模式

将测光模式设置为矩阵测光，针对画面整体测光。

6. 其他设置

除了前面的设置，还有一个比较重要的设置是存储格式，将文件格式存储为 RAW 格式，可以很方便地进行后期优化处理。

如果想获得 HDR 效果的照片，可以开启相机的 HDR 模式（仅限于 JPEG 格式）或使用包围曝光功能拍摄不同曝光的素材照片，然后进行后期合成。

7. 拍摄小技巧

室内建筑一般都有桌椅或门柱，在不影响其他人通过或破坏它的情况下，可以通过将相机放置在桌椅上或倚靠门柱的方式来提高手持拍摄的稳定性。

如果仰视拍摄建筑顶面的装饰，可以使用液晶显示屏取景，以提高拍摄姿势的舒适性；如果所使用的相机有旋转液晶显示屏，还可以调整屏幕来获得更舒适的观看角度。

18mm F5.6 1/60s ISO800

○ 使用广角镜头拍摄，将教堂里的精致细节都展现了出来

拍摄夜景的技巧

9 步拍好城市蓝调夜景

观看夜景摄影佳片就可以发现，大部分城市夜景照片的天空都是蓝色调，而摄影初学者却很郁闷，为什么就拍不出来那种感觉呢？其实就是拍摄时机选择得不好，为了捕捉到这样的夜景气氛，一般都不会等到天空完全黑下来才去拍摄，因为相机对夜色的辨识能力比不上我们的眼睛。

1.最佳拍摄时机

要想获得纯净蓝色调的夜景照片，首先要选择天空能见度好、透明度高的晴天夜晚（雨过天晴的夜晚更佳），在天将黑未黑的时候，城市路灯开始点亮了，此时便是拍摄夜景的最佳时机。

2.拍摄装备

适合使用广角镜头拍摄，以表现城市的繁华。另外，还需使用三脚架固定好相机，并使用快门线拍摄，尽量不要用手直接按下快门按钮。

○ 较晚时候拍摄的夜景，天空已经变成了黑褐色，可以看出画面不够美感

○ 三脚架与快门线

18mm F11 6s ISO200

○ 傍晚城市建筑散发的黄色灯光，在深蓝色调天空的衬托下，显得更加迷人

3. 设置拍摄参数

将拍摄模式设置为 M 挡手动模式，设置光圈值为 F8 ~ F16，以获得大景深画面。感光度设置在 ISO100 ~ ISO200，以获得噪点比较少的画面。

4. 设置白平衡模式

为了增强画面的冷暖对比效果，可以将白平衡模式设置为荧光灯模式。

5. 拍摄方式

夜景光线较弱，为了更好地查看相机参数、构图及对焦，推荐使用液晶显示屏取景和拍摄。

6. 设置对焦模式

将对焦模式设置为单次自动对焦模式，自动对焦区域模式设置为单点模式。

如果使用自动对焦模式的对焦成功率不高，则可以切换至手动对焦模式，然后按下放大按钮放大画面，旋转对焦环进行精确对焦。

7. 设置测光模式

将测光模式设置为矩阵测光，对画面整体半按快门测光，此时注意观察液晶显示屏中的曝光指示条，调整曝光数值，使曝光游标处于标准或所需曝光的位置处。

8. 曝光补偿

由于在矩阵测光模式下相机是对画面整体测光的，会出现偏亮的情况，需要减少 0.3 ~ 0.7EV 的曝光补偿。在 M 挡模式下，使游标向负值方向偏移到所需数值即可。

9. 拍摄

所有参数都设置妥当后，使对焦点对准画面较亮的区域，半按快门线上的快门按钮进行对焦，然后按下快门按钮拍摄。

35mm F10 4s ISO200

○ 以深蓝色的天空来衬托夜幕下的城市建筑，灯光照亮的区域与天空形成冷暖对比，摄影师适当减少了曝光补偿，从而使画面的色彩更加浓郁

9 步拍出体现繁华城市的车流光轨

在城市的夜晚，灯光是主要光源，各式各样的灯光可以顷刻间使城市变得绚烂多彩。疾驰而过的汽车留下的尾灯痕迹，显示出了都市的节奏和活力，是很多人非常喜欢的一种夜景拍摄题材。

1.最佳拍摄时机

与拍摄蓝调夜景一样，拍摄车流也适合选择在日落后，要选择天空还没有完全黑下来的时候开始拍摄。

2.拍摄地点的选择和构图

拍摄地点除了在地面上，还可寻找如天桥、高楼等地方以高角度进行拍摄。

拍摄的道路以有弯道的最佳，如 S 形、C 形，这样拍摄出来的车流线条非常有动感。如果是直线道路，摄影师可以选择斜侧方拍摄，使画面形成斜线构图，或者是选择道路的正中心点，在道路的尽头安排建筑物入镜，使画面形成牵引式构图。

○ 选择在天完全黑下来的时候拍摄，可以看出，虽然车轨线条很明显，但其他区域都黑乎乎的，整体美感不强

18mm F10 5s ISO100

○ 远处天空还有夕阳余晖，地面景物也有一定的细节，这样拍摄出来的画面更为绚丽多彩

O 曲线构图实例，可以看出画面很有动感

28mm F14 20s ISO100

O 斜线构图实例，可以看出车轨线条很突出

3. 拍摄器材

车流光轨是一种长时间曝光的夜景题材，快门速度可达几秒，甚至几十秒的曝光时间，因此稳定的三脚架是必备附件之一。为了防止按动快门时发生抖动，还需要使用快门线来触发快门。

4. 设置拍摄参数

将拍摄模式设置为 M 挡手动模式，并根据需要将快门速度设置为 30s 以内的数值（多试拍几张）。将光圈值设置在 F8 ～ F16 之间的小光圈，以使车灯形成的线条更细，不容易出现曝光过度的情况。感光度通常设置为最低感光度 ISO100（少数中高端相机也支持 ISO50 的设置），以保证成像质量。

下面 4 张图是在其他参数不变的情况下，只改变快门速度的效果示例，可以作为曝光参考。

O 将背包悬挂在三脚架上，可以提高稳定性

O 快门速度：1/20s

O 快门速度：1/5s

O 快门速度：4s

O 快门速度：6s

5. 拍摄方式

夜景光线较弱，为了更好地查看相机的参数、构图及对焦，推荐使用液晶显示屏取景和拍摄。

6. 设置对焦模式

将对焦模式设置为单次伺服自动对焦模式；自动对焦区域模式设置为单点模式。如果使用自动对焦的成功率不高，则可以切换至手动对焦模式。

7. 设置测光模式

将测光模式设置为矩阵测光，对画面整体半按快门测光，此时注意观察液晶显示屏中的曝光指示条，微调光圈、快门速度及感光度，使曝光游标到达标准或所需曝光的位置处。

8. 曝光补偿

在矩阵测光模式下会出现偏亮的状态下，需要减少 0.3 ~ 0.7EV 的曝光补偿。在 M 挡模式下，调整参数使游标向负值方向偏移到所需数值即可。

9. 拍摄

所有参数都设置妥当后，使对焦点对准画面较亮的区域，半按快门线上的快门按钮进行对焦，然后按下快门按钮拍摄。

24mm F9 20s ISO100

○ 摄影师以俯视角度拍摄立交桥上的车流，消失在各处的车轨线条展现出了城市的繁华